《中国大百科全书》普及版

HAIYANG SHENMIDESHUISHIJIE

海洋

神秘的水世界【海洋科学卷】

中国大百科全书出版社

图书在版编目（CIP）数据

海洋：神秘的水世界／《中国大百科全书：普及版》编委会编.—北京：中国大百科全书出版社，2013.8
（中国大百科全书：普及版）
ISBN 978-7-5000-9228-5

I.①海… II.①中… III.①海洋－普及读物 IV.①P7-49

中国版本图书馆CIP数据核字（2013）第180513号

总 策 划：刘晓东　陈义望
策划编辑：刘芩萤
责任编辑：刘芩萤　刘　艳
装帧设计：童行侃
出版发行：中国大百科全书出版社
地　　址：北京阜成门北大街17号　　邮编：100037
网　　址：http：//www.ecph.com.cn　　Tel：010-88390718
图文制作：北京华艺创世印刷设计有限公司
印　　刷：天津泰宇印务有限公司
字　　数：74千字
印　　张：7.25
开　　本：720×1020　1/16
版　　次：2013年10月第1版
印　　次：2018年12月第3次印刷
书　　号：ISBN 978-7-5000-9228-5
定　　价：25.00元

前言

《中国大百科全书》是国家重点文化工程，是代表国家最高科学文化水平的权威工具书。全书的编纂工作一直得到党中央国务院的高度重视和支持，先后有三万多名各学科各领域最具代表性的科学家、专家学者参与其中。1993年按学科分卷出版完成了第一版，结束了中国没有百科全书的历史；2009年按条目汉语拼音顺序出版第二版，是中国第一部在编排方式上符合国际惯例的大型现代综合性百科全书。

《中国大百科全书》承担着弘扬中华文化、普及科学文化知识的重任。在人们的固有观念里，百科全书是一种用于查检知识和事实资料的工具书，但作为汲取知识的途径，百科全书的阅读功能却被大多数人所忽略。为了充分发挥《中国大百科全书》的功能，尤其是普及科学文化知识的功能，中国大百科全书出版社以系列丛书的方式推出了面向大众的《中国大百科全书》普及版。

《中国大百科全书》普及版为实现大众化和普及化的目标，在学科内容上，选取与大众学习、工作、生活密切相关的学科或知识领域，如文学、历史、艺术、科技等；在条目的选取上，侧重于学科或知识领域的基础性、实用性条目；在编纂方法上，为增加可读性，以章节形式整编条目内容，对过专、过深的内容进行删减、改编；在装帧形式上，在保持百科全书基本风格的基础上，封面和版式设计更加注重大众的阅读习惯。因此，普及版在充分体现知识性、准确性、权威性的前提下，增加了可读性，使其兼具工具书查检功能和大众读物的阅读功能，读者可以尽享阅读带来的愉悦。

百科全书被誉为“没有围墙的大学”，是覆盖人类社会各学科或知识领域的知识海洋。有人曾说过：“多则价谦，万物皆然，唯独知识例外。知识越丰富，则价值就越昂贵。”而知识重在积累，古语有云：“不积跬步，无以至千里；不积小流，无以成江海。”希望通过《中国大百科全书》普及版的出版，让百科全书走进千家万户，切实实现普及科学文化知识，提高民族素质的社会功能。

2013 年 6 月

目录

第一章　我爱这蓝色海洋

第二章　丰富的资源与物种

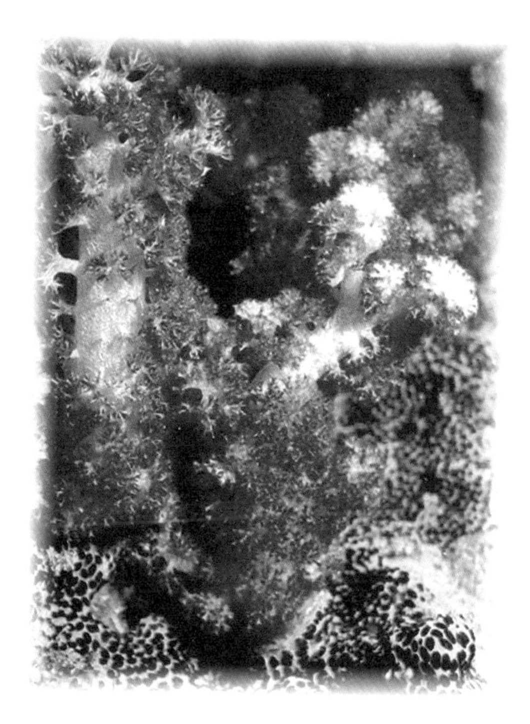

第一章 我爱这蓝色海洋

[一、海洋]

由海洋主体的海水、溶解或悬浮于其中的物质、生活于其中的海洋生物、围绕海洋周缘的海岸和海底等组成的统一体。通常所称海洋，仅指作为海洋主体的连续水域，面积约3.6亿平方千米，约占地球表面积的71%；体积约13.7亿立方千米。一般海洋中心部分称为“洋”；海洋边缘部分称为“海”，但也有的海处于大陆之间（如地中海）、伸入大陆内部（如黑海）或被包围在其他海之中（如马尾藻海）。海约占海洋总面积的11%。全球的洋与海彼此沟通，构成统一的水体。海洋是全球生命支持系统的基本组成部分，也是维系人类持续发展的资源宝库。

海陆分布 地球表面上，海洋和陆地的分布是极不均匀的。陆地主要集中在北半球，约占北半球总面积的39%，海洋面积约占61%；在南半球，陆地面积仅占19%，海洋面积约占81%。

地球表面的海陆分布在外貌构成上，具有以下一些特征：除南极洲外，所有大陆大体上是成对分布的。例如，北美洲和南美洲，欧洲和非洲，亚洲和大洋洲。每对大陆组成一个大陆瓣，在北极汇合，形成大陆星。每对大陆都被地壳断裂带所分隔。大陆相对集中的北半球，其北极地区是广大的海洋；海洋相对集中的南半球，其南极地区却是大陆。

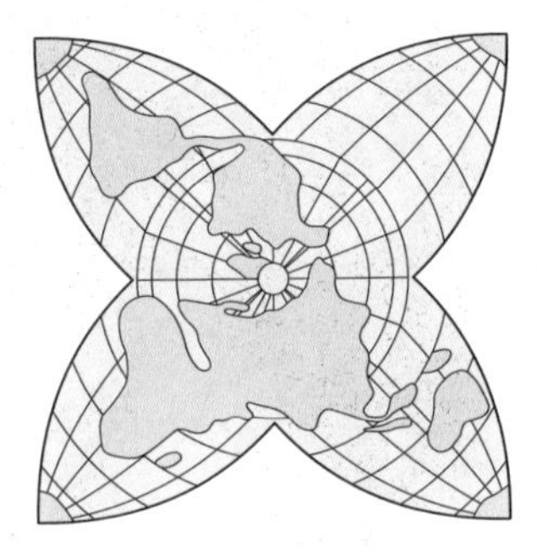

大陆星

南、北半球各大陆西岸凹入，而东岸凸出。非洲的西海岸和南美洲的东海岸、红海的东岸和西岸，在形态上都具有明显的相似性。如将南美洲和非洲，北美洲、格陵兰和欧洲拼接，红海两岸靠拢，都能大体吻合在一起。这些地块原是一个整体，后来由于海底扩张、大陆漂移才被撕裂开来。

在大陆瓣之间的广大洋底上，有庞大的中央海岭(即大洋中脊)贯穿整个大洋。位于美洲、非洲与欧洲之间的大西洋中脊尤为突出，它的延伸方向几乎是大西洋海岸轮廓的再现。岛弧-岛屿呈手背状弯曲。海洋中的岛屿大多数分布在大陆东岸；岛弧或岛链也多分布在大陆东岸，尤其是亚洲东岸。这些岛弧或岛链往往沿着大陆边缘向东凸出，其外侧则为一系列深海沟。

海陆分布的这些特点及其成因，与岩石圈的板块运动或地壳运动有关，岩石圈的运动又与更深的地球内层的地幔物质运动有关。这些正是现代地质学家、地球物理学家和海洋学家努力探索的地球科学重大课题。

海洋形态 大洋 通常可分为太平洋、大西洋、印度洋和北冰洋。太平洋北起亚洲和北美洲之间的白令海峡，南到南极大陆，长约1.6万千米；东起南、北美洲间的巴拿马运河，西迄亚洲中南半岛的克拉地峡，宽约1.9万千米。太平洋是世界第一大洋，约占世界大洋总面积的1/2，大体近似圆形。大西洋位于欧洲和非洲以西，南、北美洲以东，大致呈S形，面积居世界第二位。印度洋位于非洲、南亚、大洋洲和南极洲之间，略呈三角形，其主体在赤道以南的热带和温带区域。北冰洋位于亚欧大陆和北美之间，大致以北极为中心，以北极圈为界，近似圆形。

北冰洋比别的大洋浅得多，面积也最小。

海　在各大洋的边缘区域，附属于各大洋。它们有些以狭窄、孤立的海峡和大洋相连，有些以岛链与大洋相隔，分别称为海或海湾。按所处位置的不同，可以分为边缘海、地中海（又称陆间海）和内陆海。附属于太平洋的有马来群岛诸海、南海、东海、黄海、日本海、鄂霍次克海、阿拉斯加湾、白令海等，附属于大西洋的有加勒比海、墨西哥湾、波罗的海、地中海、黑海等，附属于印度洋的有阿拉伯海、孟加拉湾、红海、波斯湾、安达曼海等，附属于北冰洋的有巴伦支海、挪威海、格陵兰海等。关于各个海、海湾的面积和深度，不同的学者和书籍给出的数据不尽相同。

海底地形　海洋底部高低起伏的复杂程度不亚于陆地。世界大洋的大尺度地形结构通常可分为大陆边缘、大洋盆地和大洋中脊三大基本单位以及前二者交接处的海沟。

大陆边缘　一般包括大陆架、大陆坡和大陆隆，约占海洋总面积的22%。大

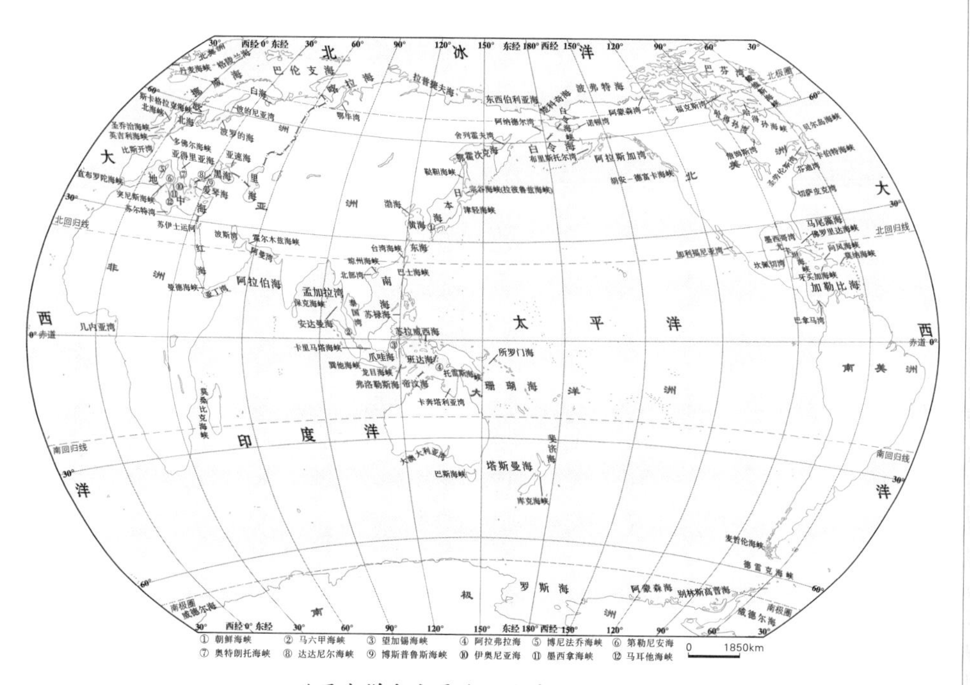

世界大洋和主要海、海湾及海峡分布

世界各大洋主要的海和海湾

名称	面积 (10^3km^2)	体积 (10^3km^3)	平均深度 (m)	最大深度 (m)
太平洋				
珊瑚海 (包括新赫布里底海)	4791	11470	2394	9140
南海	3447	2928	1140	5420
白令海	2261	3373	1492	4773
鄂霍次克海	1392	1354	937	3657
阿拉斯加湾	1327	3226	2431	5659
菲律宾海	1036			10539
日本海	1013	1690	1667	4036
东海	752	263	349	2717
所罗门海	720			9140
班达海	695	2129	3064	7360
苏拉威西海	472	1553	3291	8547
爪哇海	433	200	46	89
苏禄海	420	478	1139	5119
黄海	417	17	40	106
摩鹿加海	307	578	1880	4180
泰国湾	239			
望加锡海峡	194	188	967	
斯兰海	187	227	1209	5318
加利福尼亚湾	153	111	724	3127
弗洛勒斯海	121	222	1829	5140
巴厘海	119	490	411	1590
北部湾	117			
萨武海	105	178	1710	3470
巴斯海峡	70	5	70	
大西洋				
加勒比海	2754	6860	2491	7238
地中海	2510	3771	1502	5092
墨西哥湾	1543	2332	1512	4023
几内亚湾	1533	4592	2996	
哈得孙湾	1230	160	128	274
巴芬湾	689	593	861	2136
北海	600	54	94	433
黑海	508	605	1191	2245
波罗的海	382	38	101	459
圣劳伦斯海	240	30	127	572
比斯开湾	184			
爱琴海	179			
亚得里亚海	132			
爱尔兰海	100	6	60	
英吉利海峡	80	4	54	172
亚速海	38	0.3	9	13
马尔马拉海	11	4	357	1355
印度洋				
阿拉伯海	3863	10561	2734	5203
孟加拉湾	2172	5616	2586	5258
阿拉弗拉海 (包括卡奔塔利亚湾)	1037	204	197	3680
帝汶海	615	250	406	3310
安达曼海	800	700	870	4171
大澳大利亚湾	484	459	950	5080
红海	453	244	538	2604
波斯湾	238	24	100	104
亚丁湾	220			
阿曼湾	181			
北冰洋				
巴伦支海	1405	322	229	600
挪威海	1383	2408	1742	3860
格陵兰海	1205	1740	1444	4846
东西伯利亚海	901	53	58	155
喀拉海	833	104	118	620
拉普捷夫海	650	338	519	2980
楚科奇海	582	51	88	160
波弗特海	476	478	1004	4683
白海	90	8	89	330

注：资料主要来源于《我们生活的星球——地球科学图解百科全书》（1976）和美国《地貌学百科全书》（1968）。

陆架或大陆浅滩是毗连大陆的浅水区域和坡度平缓的区域，地质学上认为是大陆在海面以下的自然延续部分。在第四纪冰期时，大陆架大部分高出海面。通常取200 米等深线为大陆架的外缘。大陆架的宽度极不一致，最窄的仅约数千米，最宽的可超过 1000 千米，平均宽度约 75 千米。

大陆坡和大陆隆是大陆向大洋盆地的过渡带。大陆坡占据这一过渡带的上部、水深约 200 ～ 3000 米的区域，坡度较陡。大陆隆大部分位于 3000 ～ 4000 米等深线之间，坡度较缓。

大洋盆地　世界大洋中面积最大的地貌单元。其深度大致介于 4000 ～ 6000 米，占世界海洋总面积的 45%左右。由于海岭、海隆以及群岛和海底山脉的分隔，大洋盆地分成近百个独立的海盆，主要的约有 50 个。

大洋中脊或中央海岭　世界大洋中最宏伟的地貌单元。它隆起于洋底的中央部分，贯穿整个世界大洋，成为一个具有全球规模的洋底山脉。大洋中脊总长约 80000 千米，相当于陆上所有山脉长度的总和；面积约 1.2 亿平方千米，约占世界海洋总面积的 33%。中脊的顶部和基部之间的深度落差平均 1500 米。

海沟　主要分布在大陆边缘与大洋盆地的交接处，是海洋中的最深区域，深度一般超过 6000 米。世界海洋总共有 30 多条海沟，约有 20 条位于太平洋。大多数海沟沿着大陆边缘或岛链伸展，海沟的宽度一般小于 120 千米，深度达 6 ～ 11 千米；某些海沟的长度可达数千千米。深度大于 1 万米的海沟，有马里亚纳海沟、汤加海沟、千岛-堪察加海沟、菲律宾海沟、克马德克海沟，均位于太平洋。其中，马里亚纳海沟的查林杰海渊深达 11034 米，是迄今所知海洋中的最大深度。

洋域划分　长期以来存在着不同的方案，分别将地球上统一的世界大洋划分为三大洋、四大洋和五大洋。最早对世界大洋进行科学划分并正式命名的是英国伦敦地理学会于 1845 年发表的方案。该方案把世界大洋划分为 5 个大洋，即太平洋、大西洋、印度洋、北冰洋和南大洋。其中，规定南大洋以南极圈为界，北冰洋以周围大陆岸线以及通过大西洋北部的北极圈为界。20 世纪初，有些学者建议将世界大洋划分为三大洋，即太平洋、大西洋和印度洋；把原先划出的北冰洋作为大西洋的北极地中海和边缘海，南大洋也相应地并入太平洋、大西洋和印度洋，作为这 3 个大洋的南极海域。三大洋的划分方案曾为许多学者所接受。1928 年和 1937 年，国际水道测量局（IHB）根据海道测量和航海的需要，先后两次发表了世界大洋的划分方案。它们基本上认可了原先伦敦地理学会关于五大洋命名和分界的方案，并规定在各个大洋之间以及大洋与附属海之间的毗连水域，在没有明显的自然界线情况下，以适当的经、纬线或海图上的等角航线为界。1953 年国际水道测量局又发表了一个取消南大洋的划分方案，并规定以赤道为界，将太平洋和大西洋都一分为二，分别命名为南、北太平洋和南、北大西洋。由于国际水道测量局的这种划分方案特别适用于航海和海图测绘作业，在实践中得到了日益广泛的应用。联合国教科文组织（UNESCO）在 1967 年颁布的国际海洋学资料交换手册中采用了 1953 年方案。现在，人们常用四大洋的方案，把世界大洋划分为太平洋、印度洋、大西洋和北冰洋。其中，太平洋和大西洋毗连水域的分界线是通过南美洲合恩角的经线；大西洋北以冰岛-法罗岛海丘和威维尔-汤姆森海岭与北冰洋分界；大西洋和印度洋毗连水域的分界线是通过非洲南端厄加勒斯角至南极大陆的子午线（东经 20°）；印度洋和太平洋的分界线是横越马六甲海峡，

世界四大洋的面积、体积（包括边缘海）

统计人	大洋统计单位		世界大洋	太平洋	大西洋	印度洋	北冰洋
科西纳 (1921)	面积	10^6 (km^2)	361.0	179.7	93.3	74.9	13.1
		%	100	49.8	25.9	20.7	3.6
	体积	10^6 (km^3)	1370.3	723.7	337.7	291.9	17.0
		%	100	52.8	24.7	21.3	1.2
H.梅纳尔德等 (1966)	面积	10^6 (km^2)	362.0	181.3	94.3	74.1	12.3
		%	100	50.1	26.0	20.5	3.4
	体积	10^6 (km^3)	1349.9	714.4	337.2	284.6	13.7
		%	100	53.0	24.9	21.1	1.0
K.A.兹沃纳列夫 (1972)	面积	10^6 (km^2)	361.3	178.7	91.6	76.2	14.8
		%	100	49.4	25.4	21.1	4.1
	体积	10^6 (km^3)	1338.2	707.1	330.1	284.3	16.7
		%	100	52.9	24.7	21.2	1.2
O.K.列昂节夫 (1974)	面积	10^6 (km^2)	361.9	178.7	91.2	76.8	15.2
		%	100	49.5	25.5	20.9	4.1

再沿巽他群岛西部、南部边界和伊里安岛（新几内亚岛），横越托雷斯海峡以及通过塔斯马尼亚岛东南角至南极大陆的子午线（东经 146°15′）；太平洋和北冰洋的毗邻水域则以白令海峡为界。

20 世纪 60 年代以来，随着海洋学研究的深入，越来越多的海洋学者认为太平洋、大西洋和印度洋的南部相互连接的广大水域，是一个具有自然特征的地理区域，应当单独划分为一个独立的大洋，即南大洋。联合国教科文组织的政府间海洋学委员会（IOC）1970 年正式提议，把"南极大陆到南纬 40° 的纬圈海域或更明确地到亚热带辐合带海域"划为南大洋。

[二、古海洋学]

研究地质历史时期海洋环境及其演化的科学。又称历史海洋学。利用现代地质学和海洋学理论方法，通过对海洋沉积物的分析和研究，了解和复原古海洋表层及底层环流的形成、演化及其地质作用，探明海水组分在地质时期中的变化、浮游和底栖生物的演化，研究生物生产力和生物地理发展史及其对沉积作用的影响、海洋沉积作用和古气候演化史。古海洋学的中心问题是古海洋环流的形成和发展史。

古海洋学与地质学、古生物学、沉积学和古气候学关系密切，它为板块构造理论、生命演化、气候演变的研究提供科学依据，也为寻找石油、天然气、煤、铁锰结核及结壳、磷酸盐等沉积矿产提供成矿环境的指标和分析方法，具有重要的实用和理论意义。

古海洋学作为一门独立学科出现是在 20 世纪 70 年代。1968 年开始实施深海钻探计划（DSDP），在世界各大洋钻取岩心，其中有的钻到基底。70 年代末液压活塞取心技术问世，使获取未扰动的长岩心成为可能，为研究中生代以来的海洋环境及其演化提供了实际资料。大洋地层学与环境地球化学等理论和方法的有机结合，使得全球性地层对比和古环境分析成为可能。板块构造说又为古海洋环境的再造奠定了理论基础。迄今已初步建立各大洋中生代以来不同时期的古海洋环流、古海洋地理和古气候及其演化模式。

研究方法 海洋沉积是研究古海洋历史的主要对象和依据，但首先要确定其地质时代。大洋沉积层时代的确定方法与大陆地层学方法基本相同，主要有岩性地层学法、间断地层学法、地震地层学法、事件地层学法、气候地层学法、生物地层学法、磁性地层学法、化学地层学法和同位素地层学法等。

古海洋学与现代海洋学不同。现代海洋学可以用各种观测设备直接测定海洋环境参数。但古海洋学却只能用古生物学、地球化学和沉积学的方法，间接地确定古海洋各种环境要素。古海洋学的主要研究方法有以下几种。

古海船

微体古生物学法 古海洋学最主要的研究手段之一。有孔虫、放射虫、硅藻、颗石藻等微体或超微生物的生活，受海水深度、盐度、温度、浊度、营养盐及水体运动等各种物理化学条件的控制。这些要素的变化记录在生物个体、生物组合、分异度等特征上，因此海洋生物是海洋环境及其变化的灵敏标志。微体古生物学法主要从以下几方面进行分析：①生物时空分布规律的研究。不同生物对其生活环境有一定选择性，如放射虫多见于赤道海域；硅藻多产于高纬度海区；窄温性有孔虫，有的适应于温水，如截锥圆辐虫，有的适应于冷水，如厚壁新方球虫。据此，可以推断当时的水温。根据生物分布还可以推断古海岸线的位置。从底栖有孔虫的居住带和生物分异度可推断古海洋深度。微体生物组合和展布方向能大体指示水团和洋流流向。窄盐性生物可作为判断海水盐度的指标。生物分异度及生物组合与温度梯度有关，分异度随着纬度增高而降低。海洋动植物的纬向分带指示着气候带。②生物个体形态特征的研究。生物个体的形态、大小，以及壳体厚度、密度、旋转方向和骨骼孔隙度等，都是生活环境的标志，可以反映水深及水温的变化。生物壳体厚度的增减规律与静水压力有关，据此可以判断古水深。浮游生物骨骼的孔隙度随着水的密度增大而减小。一些浮游有孔虫壳的旋转方向随着温度发生变化，在冷水中呈左旋，暖水中呈右旋，可用来判断季节变化和气候带。底栖有孔虫的平均寿命在高纬度区比低纬度区长 2 ～ 3 倍。③植物光合作用严格受到海水深度的控制，而海水透光带一般局限在 200 米内，故根据一些植物化石特别是藻类化石，可以判断古海水深度。

地球化学法　利用沉积物中某些元素和同位素的含量及其比值，可以确定古海水温度、盐度及水团。①同位素指标。海洋生物壳体的 $^{18}O/^{16}O$ 比值与海水同位素组成呈平衡状态。后者取决于海水温度和盐度。因此根据海洋生物的氧同位素比值，可以计算古海水温度，并推断古气候。用于同位素测定的海洋生物主要是有孔虫，此外还有颗石藻、软体动物和珊瑚等。海水蒸发作用也能引起氧、碳同位素的分馏作用。因此它们也可以用来估算海水盐度。②化学元素指标。某些化学元素特别是痕量及微量元素的溶解度和吸附量随着海水温度和盐度发生变化，也可作为古海水温度和盐度的指标。如方解石中的 Mg、Sr 的浓度随水温增高而增大，惰性气体 Ar、Kr、Xe 的溶解度随水温增高而减小。黏土矿物吸附硼的量与盐度成正比，一般海洋沉积物比淡水沉积物含有更多的硼。海水中的许多痕量及微量元素丰度比淡水中的大，对这些元素进行统计分析，可估算古海水盐度。海洋碳酸盐中的 Na 和 Sr 含量、Sr/Ca 和 Fe/Mn 比值都大于淡水。海洋有机质 C/N 比值是 4.3 ～ 7.1，比陆源植物的 C/N 比值 30 ～ 40 小得多，因而也是判断海相和陆相的标志。

沉积学法　沉积物的成分、结构、构造特征及其空间分布，都可以用于判断

菱铁矿

古海洋环境。①特征矿物。文石或高镁方解石多出现于浅海环境，而低锶或低镁方解石则出现于淡水环境。菱铁矿多产于水深10～50米的浅海区。自生黄铁矿一般生成于海水流动微弱或停滞的还原环境。呈带状分布的石英、高岭石、伊利石等陆源物质和火山灰往往被用来解释海流状况。②岩性特征。海洋沉积物的碳酸盐含量受碳酸盐补偿深度（CCD）的控制。根据钙质沉积物的分布，可以推断CCD的变化及古海水深度、生物生产力、水化学特征及海平面变动状况。蛋白石质二氧化硅、磷酸盐的含量和分布可指示某一时期上升流和生物生产力状况。深海地层中铁锰结核的出现、岩性突变、地层和生物化石带的缺失等现象，可用来指示沉积间断，而区域性沉积间断往往提示地质时期深海底层流及其侵蚀作用的存在。富含有机质的黑色页岩可能提示水流微弱或停滞的缺氧还原环境。③粒度和构造特征。利用沉积物粒度及其排列方向可以测定古海流的强度和流向。有时还可以利用粒度分布特征，大体区分古气候带。例如，以机械风化作用为主的高纬度区多出现砾石等粗碎屑物质，常伴有分选很差的冰载物质；而以化学风化作用为主的低纬度区则以泥质沉积为主。根据冰载物质在海底沉积物中的分布状况，尚可推断当时洋流的路径和方向。地层中的浊流沉积往往代表地震、风暴、滑坡等古海洋异常事件。

主要研究内容和成果 古海洋学研究内容如下：①古海洋水文，包括古水温、古洋流和古水深的研究。②古海洋化学，包括古盐度、溶解氧、磷酸盐、二氧化硅和碳酸盐补偿深度的研究。③古海洋生物，包括对浮游生物演化、古生物生产率和古生物地理的研究。④古海洋气候，包括古气温、古湿度和古气候循环的研究。

古海洋学的研究极大地丰富了人们对海洋历史的认识，主要取得以下成果。

古海洋与古气候演变　深海钻探资料表明，海洋沉积地层的最老年龄不超过

1.7 亿年。基于深海钻探及其他方面的资料，已经能勾画出晚中生代以来古海洋演化的基本轮廓。古海洋与现代海洋一样，是一个物理、化学、生物和地质相互作用和相互制约的统一体系。但晚中生代海水温度高，极区无冰盖，海洋中缺少冷的底层水，赤道与极地之间和水层中温度梯度小，大洋环流微弱；新近纪至现代海水温度较低，极区有冰盖，赤道与极地之间和水层中温度梯度增大，冷的底层水发育，大洋环流强大。古近纪海洋作为其间的过渡阶段，其特征介于两者之间。

大洋环流的演变　是控制古气候变化，特别是新生代气候变冷的基本因素之一。而环流的变迁又受控于板块运动和海陆相对位置的变化以及气候变动。

二叠纪、三叠纪期间，地球上只有联合古陆，即泛大陆，周围是统一的泛大洋，在南、北半球大洋中分别存在单一的巨大环流。泛大洋西缘较暖，东缘较冷，南北向的温度梯度不及东西向的梯度大。晚三叠世，联合古陆开始解体。侏罗纪，北美大陆开始与南美、非洲大陆分裂，形成北大西洋，在闭塞环境中接收了蒸发岩沉积。晚侏罗世至白垩纪，北大西洋东通特提斯海，西南经中美水道连接太平洋，形成了环绕全球的自东向西的赤道环流。在太平洋和南、北半球均发育亚热带反气旋环流和副极地气旋环流。早白垩世时南大西洋和印度洋张开，但是初期南、北大西洋并不连通，在南大西洋形成了大量蒸发岩。1.1 亿～0.8 亿年前，南、

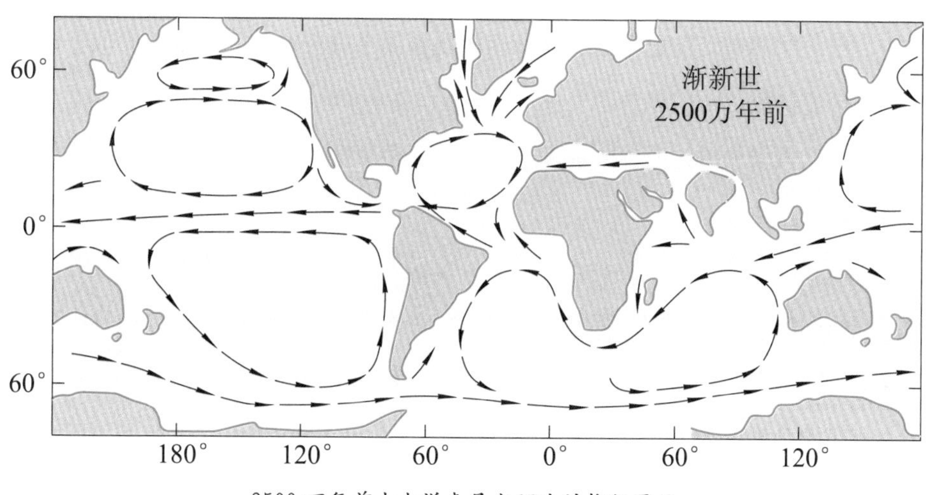

2500 万年前古大洋表层水环流的推断图示

北大西洋之间出现表层水交流，在0.7亿年前，进一步出现深层水交流。当时北大西洋与北冰洋仍然彼此隔绝，直至新生代初期，北大西洋才开始与北冰洋连通。随着北美大陆西漂与亚洲大陆靠拢，自晚白垩世开始，北冰洋与太平洋之间的深水交流终止。

新生代以来大洋环流的变迁，主要表现在以下三方面：①赤道环流的减弱和中断。4000万年前印度大陆与亚洲大陆主体汇合，使赤道环流局限于从阿拉伯以北狭窄水道通过，1800万年前，非洲-阿拉伯大陆与欧亚板块碰撞和中东造山运动使特提斯海水道最终封闭，大西洋-地中海与印度洋之间的交流终止。新生代晚期，随着澳大利亚大陆北移，印度尼西亚水道关闭，赤道印度洋与赤道太平洋之间的深水交流受阻。上新世晚期（约350万年前），巴拿马地峡形成，切断了赤道太平洋与赤道大西洋之间的水体交流。②南极绕极流的形成。渐新世，随着澳大利亚大陆与南极大陆进一步分离（最早在始新世时开始分离）北移，塔斯马尼亚以南的南塔斯曼海隆与南极大陆分开，沿新裂开的塔斯马尼亚水道，印度洋海水流入太平洋。渐新世晚期或中新世早期，南美大陆与南极大陆之间的德雷克水道张开，最终形成完整的南极绕极流。③南极底层水的形成。渐新世最早期，随着南极地区冰川和海冰的发展，寒冷的高盐度表层海水下潜，形成南极底层水，导致大洋底层水富含氧，海底侵蚀作用增强，沉积间断及再沉积作用发育。至新近纪，统一的赤道环流已不复存在，南极绕极流十分强劲，开始出现类似于现代的大洋环流特征。

新生代气候变冷过程　对深海岩心的氧同位素分析表明，白垩纪以来全球气候有变冷的趋势。

新生代气候变冷过程的特点是：高纬度区明显变冷，低纬度区不甚显著；海洋深层水明显变冷，表层水不甚显著；变冷并不是平稳的渐变过程，而是在温度下降的总趋势上叠加着几次急剧的气候变动。始新世末、中中新世和晚上新世为新生代三次急剧变冷期。①始新世末期事件。距今3700万年前，海洋底层水温度急剧下降4～5℃，南极周围首次形成大规模海冰，开始出现寒冷的南极底层水。南极大陆已有冰川，但可能尚未成为巨大冰盖。有孔虫等生物蒙受沉重打击，致使渐新世初期海洋生物分异度变得极低。以上现象的出现可能与塔斯马尼亚水道的张开有关。南印度洋高纬度海域的表层冷水，经塔斯马尼亚水道注入南极罗斯海域，取代了南下的东澳大利亚暖流，从而触发了南极地区的冰冻。②中中新世南极冰盖形成。大约1000万年前，南极大陆形成冰盖，南大洋海冰进一步扩展（当时北半球仍无冰川），冰载沉积物分布甚广，硅质生物沉积带向北扩展。这一时期的海洋进一步变冷与南极绕极流的形成和强化有关，它使南极水体无法与低纬度区温暖水体交流，南极大陆一定程度上处于热孤立状态。中新世中期，冰岛-法罗海岭沉没，北冰洋-挪威海海水流入北大西洋，北大西洋海水长驱南下，然后上升，加入南极绕极流，为南极大陆带来了形成南极冰盖所必需的降水。③晚上新世北半球冰盖形成。300万～240万年前，北大西洋和北太平洋出现冰载沉积物，表示北半球冰盖的形成，由此开始出现冰期-间冰期气候旋回。北半球生成冰盖，可能与巴拿马地峡的形成、墨西哥湾暖流的强化有关。湾流为形成冰盖带来了大量水汽。

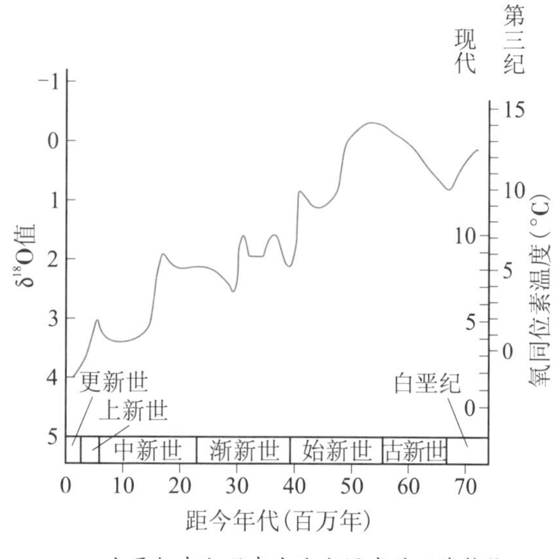

白垩纪末期以来古海水温度的下降趋势

第四纪海洋　据同位素资料的研究，第四纪期间，冰期与间冰期频繁更迭，最突出的变动周期为约10万年，其上还叠加着约4万年和2万年的周期。这种周期的长短分别与地球轨道偏心率、自转轴倾角和岁差的变化周期相当。因此，冰期-间冰期旋回可由米兰科维奇旋回作出比较合理的解释。随着冰期、间冰期的交替，反复发生海进和海退，海面波动幅度可达100米左右，深海沉积物的碳

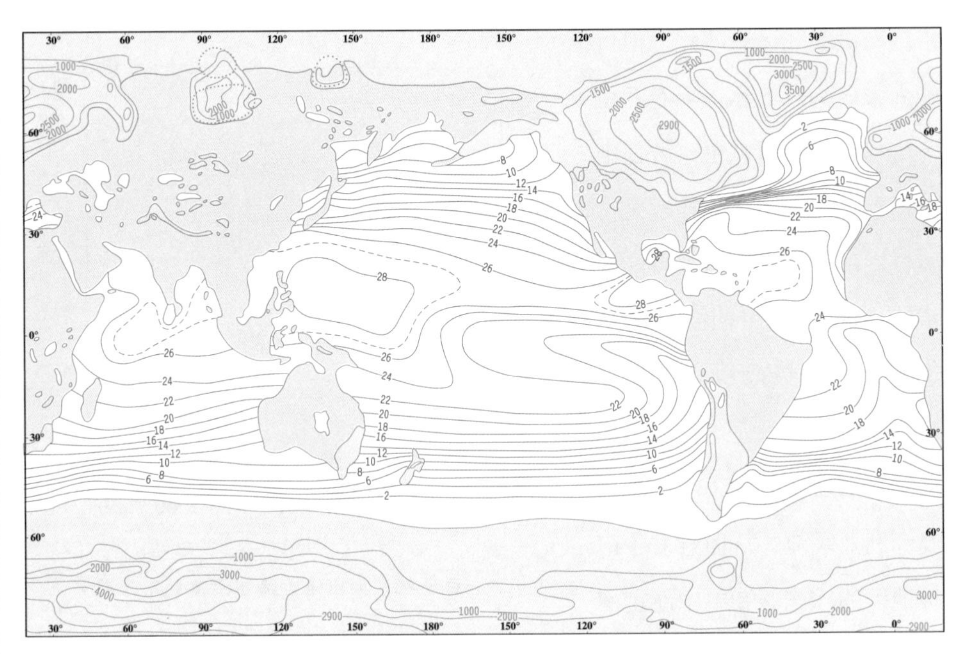

18000年前（末次冰期极盛期）8月份大洋表层水温分布图
等温线间距为2°，冰盖等厚线的单位是米，大陆轮廓按海平面比目前低85米勾绘。

酸盐丰度发生周期性变化，构成碳酸盐旋回。气候带特别是雪线发生南、北迁移，冰载沉积物分布区时进时退。至第四纪后期，气候变动的幅度达到最大。距今70万年前，北极冰盖增厚。随着温度梯度和大洋环流的增强，南大洋及其他一些海域生物生产力升高，至第四纪晚期达到新生代最高值。在冰期，冰蚀作用强盛，海面下降导致河流侵蚀作用增强，气候干冷导致沙漠扩张，卷扬起大量泥沙，从而大洋中陆源沉积速率明显增大。

据长期气候研究、测绘和预报计划（CLIMAP）的研究结果，18000年前为末次冰期鼎盛期，当时冰盖广达全球陆地面积的1/3，厚达3千米。海平面至少比现代低85米。18000年前的大洋表层水温分布图显示：极峰线向赤道偏移，海水温度低，表层海水温度比现在低2～3℃；温度梯度高，尤以北大西洋和南大洋最为显著；沿非洲、澳大利亚和南美洲西岸的东部边界流强盛，伴随着冷水团向赤道方向扩展；赤道上升流和沿岸上升流也很活跃。近10000年来，全球气温升高，冰川退缩，海面上升。但是，气温升高过程中多次发生气候突然变冷事件，如Henrich事件和老仙女木事件等非轨道气候事件。目前，地球正处在间冰期。

重大古海洋学事件 深海钻探和同位素地球化学等方面的研究，揭示了大洋演化过程中的一系列重大事件。除上述大洋环流和气候变冷过程中的一些事件外，还有白垩纪中期缺氧事件、白垩纪末生物绝灭事件和中新世末地中海盐度危机。①白垩纪中期大洋缺氧事件。白垩纪气候暖热而均一，赤道与极地之间及海水垂向温度梯度均小，无冷底层水，大洋水平和垂直环流均弱，致使大洋中形成宽阔的缺氧沉积层。缺氧事件的重要标志是广泛形成纹层状黑色页岩，其有机质含量高达1%～30%，缺乏底层流侵蚀和生物扰动痕迹，无底栖生物化石。黑色页岩在大西洋分布最广，在印度洋和太平洋的无震海岭上也有发现，其形成时代多为白垩纪中期。②白垩纪末生物绝灭事件。距今6600万年前，恐龙、菊石、浮游有孔虫、超微浮游生物和箭石等生物发生大批绝灭，据统计约1/2的属消亡了。许靖华等通过深海钻探岩心的研究，发现白垩系与第三系界面处$CaCO_3$含量极低，钙质生物数量骤减，碳酸盐补偿深度一度急剧上升；$^{18}O/^{16}O$比值陡降和$^{13}C/^{12}C$骤降，反映海水温度突然上升和化学组成急剧变化。关于白垩纪生物绝灭事件的原因，众说纷纭，如气候变化、海面变动、地磁场倒转、火山爆发等。但是这些说法难以解释生物绝灭的突发性和全球性。比较占主导地位的说法是陨石撞击说。陨石撞击说认为：大陨石撞击地球释放出巨大能量，导致地球温度急剧升高和臭氧层遭到破坏；冲击作用掀起的大量尘埃遮住阳光，植物的光合作用受阻，导致全球环境急剧恶化，食物链中断而引起生物的大绝灭。③中新世末地中海盐度危机。深海钻探揭示，地中海海底埋藏着中新世末期（米辛尼亚期，距今约500多万年前）的蒸发岩。蒸发岩厚达2～3千米，总体积100万立方千米。这一事件使地中海的海洋生物陷于绝境，故称地中海盐度危机，又称米辛尼亚事件。1800万年前中东造山运动切断了地中海与印度洋之间的联系，地中海成为西通大西洋的内陆海。中新世末期，由于板块汇集，地中海西段海峡变浅，加之海面下降，使地中海形成隔绝状态。蒸发岩的上覆和下伏地层均属半远洋沉积，底栖有孔虫的古深度表明，地中海在变干之前有类似于现代的深海环境。硬石膏、叠层石和干裂等现象说明这一深海盆地曾经干涸。干涸时期，周围大陆的河谷深切至现代海面以下数百米，河流在裸露的大陆坡上刻蚀出深邃的峡谷。至上新世初期，直布罗陀海峡张开，大西洋海水再度进入地中海。

古海洋学是20世纪70年代迅速兴起的新学科，还不够成熟，存在不少争论和假说。但作为一门高度综合的学科，它正在将岩石圈、水圈、生物圈和大气圈的研究结合起来，从而有可能为地球科学带来新的革命。

[三、海洋科学]

研究海洋的自然现象、性质、变化规律以及与开发利用海洋有关的知识体系。它的研究对象是占地球表面积71%的海洋，其中包括海水、溶解和悬浮于海水中的物质、生活于海洋中的生物、海底沉积和海底岩石圈，以及海面上的大气边界层和河口海岸带。因此，海洋科学是地球科学的重要组成部分，它与物理学、化学、生物学、地质学以及大气科学、水文科学等密切相关。海洋科学的研究领域十分广泛，其主要内容包括关于海洋中的物理、化学、生物和地质过程的基础研究，面向海洋资源开发利用及海上军事活动等的应用研究。海洋本身的整体性、海洋中各种自然过程相互作用的复杂性和主要研究方法、手段的共同性统一起来，使海洋科学成为一门综合性很强的科学。

海洋科学又是一门正在迅速发展的科学。近半个多世纪以来，特别是20世纪60年代以后，随着现代科学技术的迅速发展以及海洋资源开发利用规模的不断扩大，海洋科学在社会经济发展中的作用日益显著，许多国家都非常重视海洋科学的基础研究和开发利用海洋资源的技术研究，并且取得很大的进步。

研究对象——世界海洋　在太阳系的行星中，地球处于“得天独厚”的位置。地球的大小和质量、地球与太阳的距离、地球的绕日运行轨道及自转周期等因素相互作用和良好配合，使得地球表面大部分区域的平均温度适中（约15℃），以致它的表面同时存在着三种状态（液态、固态和气态）的水，而且地球上的水绝大部分是以液态海水的形式汇聚于海洋之中，形成一个全球规模的含盐水体——世界大洋。地球是太阳系中唯一拥有海洋的星球。因此，地球又称为“水球”。

全球海洋总面积约3.6亿平方千米，约占地表总面积的71%，相当于陆地面积的2.5倍。全球海洋的平均深度约3800米，最大深度11034米，太平洋、大西洋和印度洋的主体部分，平均深度都超过4000米。全球海洋的容积约为13.7亿立方千米，相当于地球总水量的97%以上。假设地球的地壳是一个平坦光滑的球面，那么地球便成为一个表面被2600多米深的海水所覆盖的“水球”。世界海洋每年约有50.5万立方千米的海水被蒸发，向大气供应87.5%的水汽。每年从陆

南极洲风光

地上被蒸发的淡水仅有7.2万立方千米，约占大气中水汽总量的12.5%。从海洋或陆地蒸发的水汽上升凝结后，又作为雨或雪降落在海洋和陆地上。陆地上每年约有4.7万立方千米的水在重力作用下或沿地面注入河流，或渗入土壤形成地下水，最终注入海洋，从而构成了地球上周而复始的水文循环。

海水是一种含有多种溶解盐类的水溶液。在海水中，水占96.5%左右，其余则主要是各种溶解盐类和矿物，还有来自大气中的氧、二氧化碳和氮等溶解气体。世界海洋的平均含盐量约为3.5%，而世界大洋的总盐量约为48×10^{15}吨。假若将全球海水里的盐分全部提炼出来，均匀地铺在地球表面上，便会形成厚约40米的盐层。在海水中已发现的化学元素超出80种。组成海水的化学元素，除构成水的氢和氧以外，绝大部分呈离子状态，主要有氯、钠、镁、硫、钙、钾、溴、碳、锶、硼、氟11种，它们占海水中全部溶解元素含量的99%；其余的元素含量甚微，称为海水微量元素。溶解于海水中的氧、二氧化碳等气体，以及磷、氮、硅等营养盐元素，对海洋生物的生存极为重要。海水中的溶解物质不仅影响着海水的物理化学特征，而且也为海洋生物提供了营养物质和生态环境。海洋对于生命具有

楚科奇海

特别重要的意义。海水中主要元素的含量和组成，与许多低等生物的体液几乎一致，而一些陆地高等动物甚至人的血清所含的元素成分也与海水类似。研究证明，地球上的生命起源于海洋，而且绝大多数门类的动物生活在海洋中。在陆地上，生物集中栖息在地表上下数十米的范围内；可是在海洋中，生物栖息范围可深达1万米。因此，研究生命起源的学者把海洋称作“生命的摇篮”。

海洋作为地球水圈的重要组成部分，同大气圈、岩石圈及生物圈相互依存、相互作用，成为控制地球表面环境和生命特征的一个基本环节，并具有以下特征：

①海洋是大气-海洋系统的重要组成部分。由于水具有很高的热容量，因此世界海洋是大气中水汽和热量的重要来源，并参与整个地表物质和能量平衡过程，成为地球上太阳辐射能的巨大的储存器。在同一纬度上，由于海陆反射率的固有差异，海面单位面积所吸收的太阳辐射能约比陆地多25%～50%。因此，全球大洋表层海水的年平均温度要比全球陆地上的平均温度约高10℃。由于太阳辐射能在地球表面上分布的固有差异，赤道附近的水温显著地高于高纬度海区，在海洋中导致暖流从赤道流向高纬度、寒流从高纬度流向赤道的大尺度循环，从而引起能量重新分布，使得赤道地区和两极的气候不致过分悬殊。海面在吸收太阳辐射能的同时，还有蒸发过程。海水的汽化热很高，蒸发时便消耗大量热量；反之，在水汽受冷凝结时又会释放出相同的热量。因此，海水的蒸发既是物质状态的转化，也是能量状态的转化。海面蒸发产生的大量水汽，可被大气环流及其他局部空气运动携带至数千千米以外，重新凝结成雨雪降落到所有大陆的表面，成为地球表面淡水的源泉，从而参与地表的水文循环，参与整个地表的物质和能量平衡过程。由此可见，海洋对全球天气和气候的形成以至地球表面形态的塑造都有深远的影响。

全球尺度的海洋-大气相互作用，不仅可以在几个月、几年内对地球上气候带来影响，而且可以在漫长的地质时期中导致显著的气候变异。地球表面的水，除海水以外，约有2%被束缚在固体水（冰）中，这也就是今天的南极洲和格陵兰等冰川。海洋-大气相互作用和气候演变，可以通过海平面的高度和冰川体积的变化显示出来。地质学研究表明，在地球最近所经历的10亿年中，地球表面的水量是近似恒定的，由此可以推知，假若现代冰川全部融化，则海平面将升高约60米。这对于人类无疑将是一场巨大的灾难。事实上，在地质时期中，曾出现过大陆冰川发展和融化的多次交替，每次交替都影响地球的气候、大气环流和水文循环，引起生物的大调整。据地质学和古地理学的考察，在第四纪最大的冰期中，冰川的体积3倍于现代冰川，海平面则平均低于现代海平面约130米，露出了大部分大陆架。基于这些观测事实，目前对地球气候长期变异过程已建立多种冰川-海洋-大气系统的相互作用模型，并从数值上模拟出接近观测事实的结果。这种模拟结果大体同根据更新世地质、古地理资料复原的气候演变相符。

②海洋是地球表面有机界与无机界相互转化的一个重要环节。地球上存在着一个很薄的“生物圈”，它集中在地球表面三种形态的水的交界面附近。地球上这个有生命的物质圈层之所以能够产生、进化并延续下去，是依靠大规模的物质和能量转化以及有机物质和无机物质的相互转化。而这些物质和能量的循环与转化过程的方式和强度，在迄今已知的星球中也是独一无二的。否则，人们赖以生存的地球将如同已知没有发现生命现象的星球一样，只能是一个死寂的世界。

海洋中的动物约16万～20万种，植物约1万多种。海洋中的生物，如同整个生物圈中的生物一样，绝大多数直接地或间接地依赖于光合作用而生存。在地球上，植物的光合作用能将无机物直接转化为有机物，从而将太阳辐射能转化为化学能。动物是不进行光合作用的，基本上依赖于消耗植物（直接或间接）而生存繁衍。假若植物的光合作用过程一旦中止，则绝大多数的动物就有灭绝的可能。这样，由海洋光合植物、食植性动物和食肉性动物逐级依赖和制约，组成了海洋食物链。在这链的每一个环节，都有物质和能量的转化，包括真菌和细菌对动植物尸体的分解作用，把有机物转化为无机物。于是，由植物、动物、细菌、真菌以及与之有关的非生命环境组成一个将有机界与无机界联系起来的系统，即通常所说的海洋生态系。这个系统的状态，通常可用两类指标来描述：一类是静态指标，如生物量等；另一类是动态指标，如生产力等。根据有的学者估算，海洋的

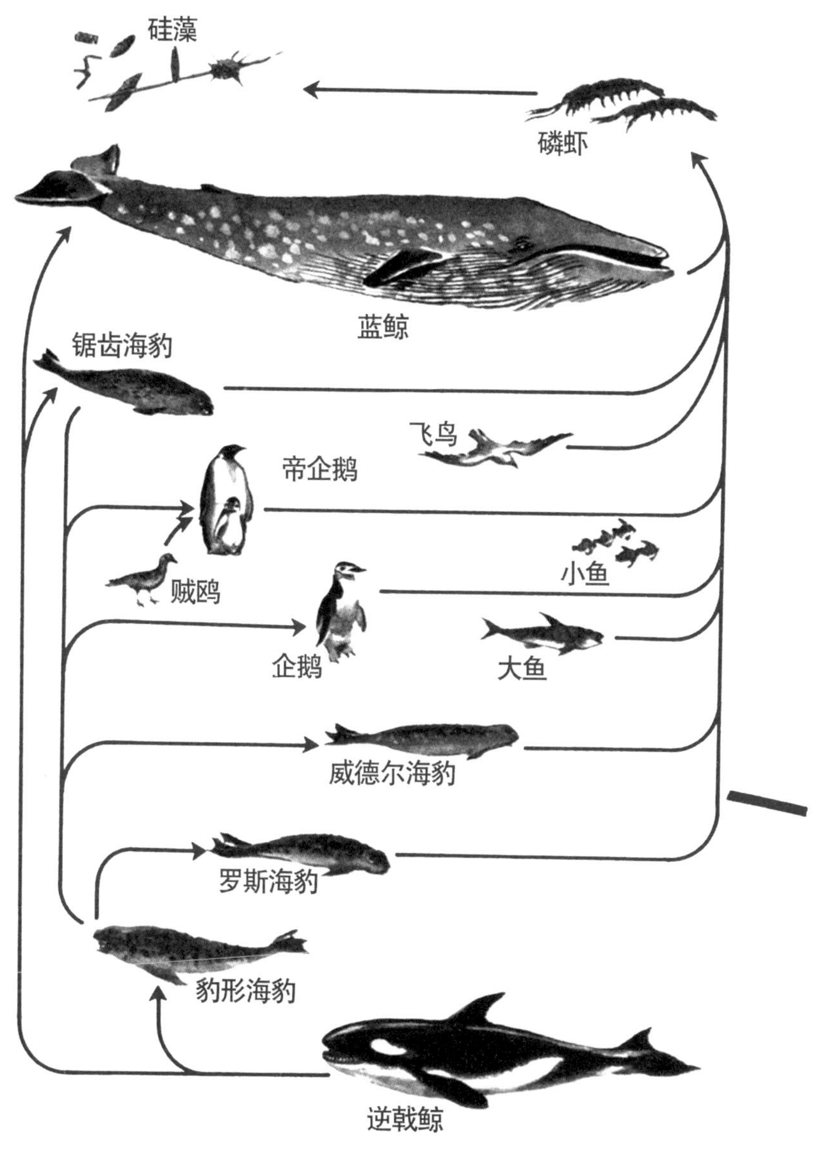

南大洋食物链

总生物量约为 3×10^{10} 吨，只有陆地总生物量的 1/200 左右，如按干重计算则仅相当于陆地总生物量的 1/350。但是，就生产率而论，海洋却同陆地大体相当（海洋为 4.3×10^{11} 吨 / 年，陆地为 4.5×10^{11} 吨 / 年）；更值得注意的是，海洋有机物质的相对生产率（即生产力与生物量之比值）远高于陆地，两者之比相差 200 多倍。

这是因为海洋中有机物质的生产者主要是单细胞生物，而陆地上有机物质的生产者主要是多细胞生物。

③海洋作为一个物理系统，其中发生着各种不同类型和不同尺度的海水运动和过程，对于海洋中的生物、化学和地质过程有着显著的影响。海水运动按其成因，大致分为：ⓐ海水密度变化产生的“热盐”运动，如海面蒸发、冷却和结冰，以及海水混合等，使海水密度增大而下沉，并下沉至与其密度相同的等密度面或海底作水平运动；ⓑ海面风应力驱动形成的风生运动，如风海流和风生环流等；ⓒ天体引力作用产生的潮汐运动；ⓓ海水运动速度切变产生的湍流运动；ⓔ各种扰动产生的波动，如风浪、惯性波和行星波等。而海洋中的各种物理过程，通常除按其物理本质分为力学、热学、声学、光学和电磁学等过程以外，一般按其特征空间尺度（或特征波数，主要是水平特征空间尺度或波数）和特征时间尺度（或特征频率），大致分为小尺度过程、中尺度过程和大尺度过程。其中，小尺度过程主要包括小尺度各向同性湍流，海水层结的细微结构、声波、表面张力波、表面重力波和重力内波；中尺度过程主要包括惯性波、潮波、海洋锋、中尺度涡或行星波；大尺度过程主要包括海况的季节变化、大洋环流、海水层结的纬向不均匀性和热盐环流等。

海洋是生物的生存环境，海洋运动等物理过程会导致生态环境的改变。因此，不同的流系、水团具有不同的生物区系和不同的生物群落。海水运动或波动是海洋中的溶解物质、悬浮物和海底沉积物搬运的重要动力因素。因此，海洋中化学元素的分布和海洋沉积，以及海岸地貌的塑造过程都是不能脱离海洋动力环境的。反过来，海水的运动状况也与特定的地理环境、化学环境有关。这就是海洋自然环境的统一性的具体表现。

④大洋地壳作为全球地壳的一个结构单元，具有不同于大陆地壳的一系列特点。陆壳较轻、较厚，比较古老；洋壳较重、较薄（缺失花岗岩层），相对年轻。在地壳的均衡作用下，陆壳质轻而浮起，洋壳质重而深陷。地球之所以存在着如此深广的海洋，是与洋壳的物质组成有关的。

由于海水的覆盖，海底地壳是难以直接观察的。近半个世纪以来，深海考察发现了海洋中有深度超过万米的海沟、长达上千千米的断裂带以及众多的海山；而给人印象最深的是存在着一条环绕全球、纵贯大洋盆地、延伸达 80000 千米的水下山脉体系。这条水下山脉纵贯大西洋和印度洋的洋盆中部，所以称为大洋中脊。在大洋中脊顶部发育有一条被断裂带错开的纵向的大裂谷，称为中央裂谷。

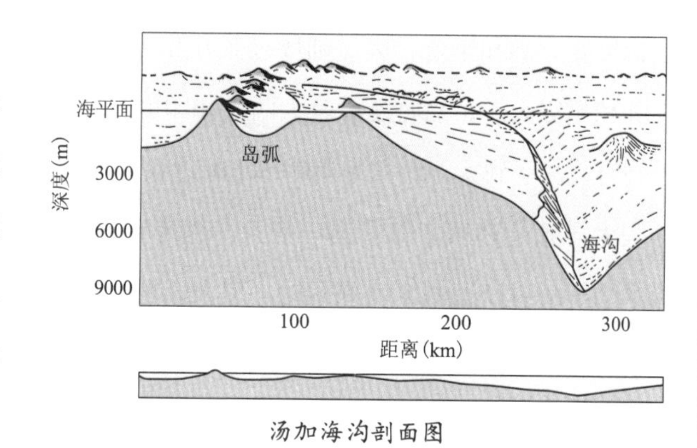

汤加海沟剖面图

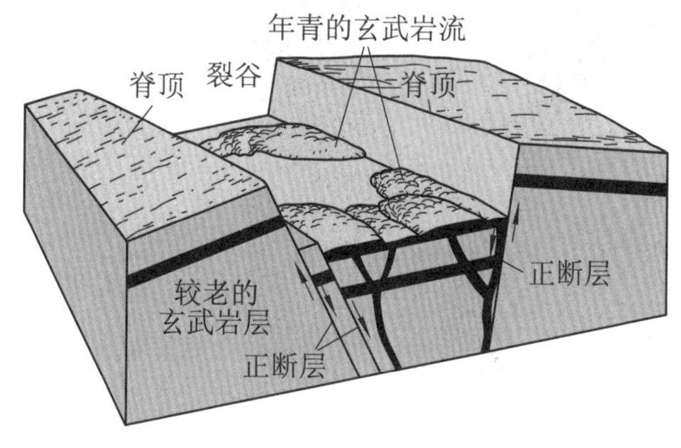

中央裂谷

与大陆地壳相比较，人洋地壳缺乏陆上那种挤压性的褶皱山系。巨大的大洋中脊主要由来自炽热的地球深处的玄武岩所组成。观测和研究表明，大洋中脊的裂谷是地壳最薄弱之处。这里有频繁的地震、火山活动和极高的热流值，地球内部炽热的熔岩通过这个带不断涌上来，冷却后凝结成新的洋底地壳，并向两侧扩张，扩张速度可达每年 1 ～ 16 厘米。这种扩张过程迄今仍在继续。这条全球性的大洋中脊和裂谷系以及海沟等构造活动带把全球岩石圈分成六大板块（欧亚板块、非洲板块、印澳板块、南极板块、美洲板块和太平洋板块）和许多小板块。板块是位于地球软流层上的刚性块体，板块的边界是构造运动最活跃的地方，而板块之间的相对运动则是全球构造运动的基本原因。

在板块的分离、漂移和聚合作用下，海陆位置不断变动。在地质历史上，大陆曾反复裂离和聚合，大洋则屡经张开和关闭。2亿年前，地球上只有一个超级大陆和超级大洋，当时还没有大西洋和印度洋。近2亿年来，大西洋和印度洋从无到有，从小到大，而太平洋却在不断地收缩。在一个表面积基本不变的地球上，一些大洋张开必然伴随着另一些大洋缩小或关闭。海洋是个非常古老的地质体，海水的年龄可以远溯至前寒武纪。但大洋地壳是一边生长、一边俯冲，处于不断更新的过程。现代洋壳的年龄不到2亿年。古老的海水与年青的洋底共存，应当说是海洋系统的一个重要特点。

海底热泉

20世纪70年代以来，海洋学者乘坐潜水器考察大洋中脊和裂谷，发现从裂谷底喷涌出温度高达100℃以上、富含金属的海底热泉。原来，冷海水沿裂隙渗入炽热的新生洋壳内部，变成热海水，热海水和洋壳玄武岩之间发生强烈的化学反应，玄武岩中的铁、锰、铜、锌等被淋滤出来进入热海水，从而喷出富含金属的热泉。由河流带入海洋中的镁、硫酸根，在上述过程中也大部分被中脊轴部的洋壳所吸收。据估计，沿着80000千米长的大洋中脊只需800万～1000万年，与世界海洋等量的海水就可以经过脊轴洋壳循环一遍。这对于海水化学成分的演化，不能不产生十分深远的影响。

总之，海洋中发生的各种自然过程，在不同程度上同大气圈、岩石圈和生物圈都有耦合关系，并且同全球构造运动以及某些天文因素（如太阳黑子活动、日-地距离、月-地距离、太阳和月球的起潮力等）密切相关，这些自然过程本身也相互制约，彼此间通过各种形式的物质和能量循环结合在一起，构成一个具有全球规模的、多层次的海洋自然系统。正是这样一个系统，决定着海洋中各种过程的存在条件，制约着它们的发展方向。海洋科学研究的目的，就在于通过观察、实验、比较、分析、综合、归纳、演绎以及科学抽象方法，揭示这个系统的结构和功能，认识海洋中各种自然现象和过程的发展规律，并利用这些规律为人类服务。

研究特点 世界海洋中所发生的各种自然现象和过程具有自身的特点，海洋科学研究也相应地表现出某些特征。

①在自然条件下对海洋中各种现象进行直接观测是其基本研究方法。世界海洋是一个庞大而又复杂的自然客体，其中发生着各种尺度、性质的运动。它们的空间尺度可以从几厘米到几千千米，时间尺度从数秒到几个月甚至几年，深层环流的时间尺度可长达数千年。影响海洋气候状态的一些天文因素如地球轨道参数随时间变化的尺度，可达1万～10万年的量级；至于大洋海盆形态变化的时间尺度，则长达几百万年至几千万年。这些不同尺度的运动现象之间存在着复杂的作用。由于质量运动连续性原理，海水的垂直运动总是和水平运动共存的，即使是同一种运动，也可以由不同的力学原因而引起。海洋科学还具有明显的区域性特征，即使是同一区域，海洋、水文、化学要素及生物分布也是互相各异、多层次性的。因此，很难在实验室里对各类海洋现象和过程以及它们之间的相互作用进行精细的实验，也不能只靠数学分析和数学模拟来进行研究，而是要充分利用科学调查船等设备在自然条件下进行观察研究。直接的观察研究，既为实验室研究和数学研究的模式提供确切的可靠资料，又可以验证实验室和数学方法研究结论的可靠性。因此，在自然条件下进行长期的、周密的、系统的海洋考察是海洋科学研究的基本方法。

②在海洋科学研究中，海洋观测仪器和技术设备起着重要的作用，有时甚至是决定性的作用。海水深而广，具有大密度和流动性，给人们的直接观测带来极大困难。从海面向下大约每增加10米，压力就要增加一个大气压，在万米深处，海水的压力作用可以把潜水钢球的直径压缩进几个厘米，人类很难在这样大的深处活动；从技术角度来说，人在深海底行走比在月球上漫步还要困难。海水对电磁波的吸收也相当显著，在水深200米以下，可见光波被吸收殆尽。因此，靠简单的手段去观测海洋深层的生物活动、海底沉积和海底地壳的组成及变化是非常

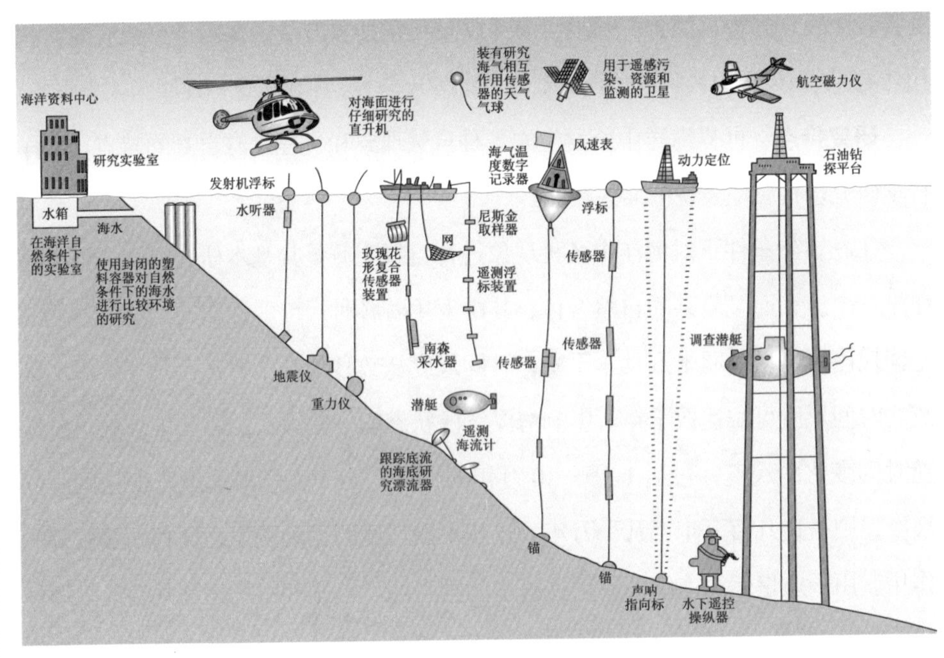

现代海洋调查立体观测系统

困难的。即使在海洋上层，海水处于不断的流动和波动状态，依靠一个点上的观测资料，也很难说明面上的情况。增加调查船只的数量固然可以扩大观测范围以取得大量必需的资料，但耗资巨大。因此，只有大力发展海洋观测仪器和技术设备才能取得所需要的大量海洋资料，以推动海洋科学的发展。20世纪60年代以来，海洋科学的发展表明，几乎所有主要的重大进展都和新装备的出现、新仪器的问世、新技术的应用、实验的精度及数据处理能力的提高有紧密关系。例如，浮标观测技术、航天遥感技术和计算机技术的应用，促成了关于海洋环流结构、海-气相互作用、中尺度涡旋、锋区、上升流、内波和海洋表面现象等理论和数值模型的建立；高精度的温盐深探测设备和海洋声学探测技术的发展，则为海洋热盐细微结构的研究和海况监测提供了基本条件；回声测深、深海钻探、放射性同位素和古地磁的年龄测定、海底地震和地热测量等新技术的兴起和发展，对海底扩张说和板块构造说的建立作出了重要贡献。

③信息论、控制论、系统论等方法在海洋科学研究中越来越显示其作用。海

洋科学的观察主要是在自然条件下进行的，不能不受到自然条件的限制。各种海洋现象和过程，有的“时过境迁”，有的“浩瀚无际”，有的因时间尺度太长，短时间的观测资料不足以揭示其历史演变规律。加之，其中各种作用相互交叉、随机起伏，因此在自然条件下的观察只能获得关于海况的一些片断的、局部的信息。即使获得某一海区近百年的海况和海洋生物种群动态的观测序列，那也只是整个海洋生态环境和生物种群动态总体中的一个小小的样本。所以，在海洋科学研究中比较着重于从信息论、控制论和系统论的观点，研究海洋现象和过程的行为与动态，并根据已有的信息，通过系统功能模拟模型进行研究，对未来海况作出预测。

④海洋科学研究和海洋科学理论呈现出日益增强的整体化趋势。如前所述，海洋中的各种现象和过程既表现出多样性，又存在统一性。随着海洋科学的发展，揭示出的海洋现象越来越多，因此学科的划分也就越来越细，研究领域也越来越广。但是各个学科往往过多地强调本学科的独立性、重要性，而忽视学科之间的内在联系。然而，对海洋现象和过程的深入研究发现，各分支学科之间是彼此依存、相互交叉、相互渗透的，而每一门分支学科只有在整个海洋科学体系的相互联系中才能得到重大发展，从而出现了现代海洋科学研究及海洋科学理论体系的整体化趋势。这不仅打破了各分支学科的传统界限，而且突破了把研究对象先分割成个别部分，然后再综合起来的传统研究方法。要求从整体出发，从部分与整体、整体与外部环境的联系中，揭示整个系统的特征和发展规律。例如，研究海洋中沉积物的形态、性质及其演化，就必须了解海流、生物和化学等因素对沉积物的搬运及影响过程；研究海洋生态系的维持、发展或被破坏的过程，必须了解海洋中有关的物理过程、化学过程和地质过程。

学科体系　现代海洋科学的研究体系，大体可以分为基础性学科研究和应用性技术研究两部分。基础性学科是直接以海洋的自然现象和过程为研究对象，探索其发展规律；应用性技术学科则是研究如何运用这些自然规律为人类服务。

海洋中发生的自然过程，按照内秉属性，大体上可分为物理过程、化学过程、地质过程和生物过程四类，每一类又是由许多个别过程所组成的系统。对这四类过程的研究，相应地形成了海洋科学中相对独立的四个基础分支学科：海洋物理学、海洋化学、海洋地质学和海洋生物学。

海洋物理学是以物理学的理论、技术和方法研究发生于海洋中的各种物理现象及其变化规律的学科。主要包括物理海洋学、海洋气象学、海洋声学、海洋光学、海洋电磁学、河口海岸带动力学等。主要研究海水的各类运动(如海流、潮汐、波浪、内波、行星波、湍流和海水层的微结构等)，海洋同大气圈和岩石圈的相互作用规律，海洋中的声、光、电现象和过程，以及研究有关海洋观测的各种物理学方法。

海洋化学是研究海洋各部分的化学组成、物质分布、化学性质和化学过程的学科。研究的内容主要是海洋水层、海底沉积和海洋-大气边界层中的化学组成、物质的分布和转化，以及海洋水体、海洋生物体和海底沉积层中的化学资源开发

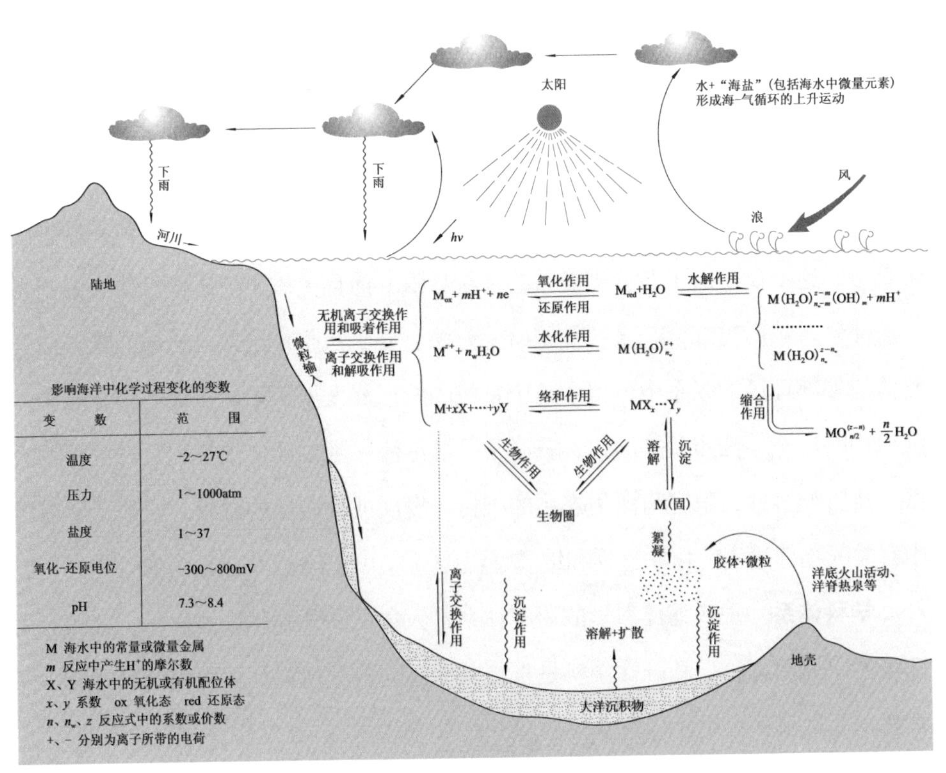

海洋的化学模型示意图

利用中的化学问题等。海洋化学包括化学海洋学和海洋资源化学等分支。

海洋地质学是研究地球被海水淹没部分的特征和变化规律的学科。主要研究内容为：海岸和海底地形，海洋沉积的组成和形成过程，大洋地层学、洋底岩石的岩性、矿物和地球化学，海底地壳构造和大洋地质历史，海底的热流、重力异常、磁异常和地震波传播速度等地球物理特性。海洋地质学当前研究的重大课题是海底矿产资源的分布和成矿规律、大陆边缘（包括岛弧-海沟系）和大洋中脊为主的板块构造，以及古海洋学等。

海洋生物学是研究海洋中一切生命现象和过程及其规律的学科，主要研究海洋中生命的起源和演化，海洋生物的分类和分布、形态和生活史、生长和发育、生理和生化、遗传，特别是生态的研究，以阐明海洋生物的习性和特点与海洋环境之间的关系，揭示海洋中发生的各种生物学现象及其规律，为开发、利用和发展海洋生物资源服务。海洋生物学包括生物海洋学、海洋生态学等分支学科。海洋生态学是生物海洋学中专门研究有机体的数量与周围无生命的环境之间以及各有机体之间的相互作用的科学。

如同自然科学中的其他学科一样，海洋科学的各个基础分支学科不仅互相联系、互相依存，而且互相渗透，不断萌生出许多新的分支学科，如海洋地球化学、海洋生物化学、海洋生物地理学、古海洋学等。另一方面，海洋科学的研究，特别是在早期，具有明显的自然地理学方向，着重于从自然地理的地带性和区域性的角度研究海洋现象的区域组合和相互联系，以揭示区域特点、区域环境质量、区域差异和关系，形成了区域海洋学。

海洋科学的基础性分支学科的研究成果，是整个海洋科学的理论基础，对海洋资源的开发利用和海洋环境工程等生产实践起着指导作用。由于现代科学技术发展很快，海洋资源开发技术与日俱新，因此需要专门研究如何把基础理论研究成果应用到实践中去，解决生产技术问题。这样，在海洋科学研究中就逐渐分化出一系列技术性很强的应用学科和专业技术研究领域。如海洋工程，它始于为海岸带开发服务的海岸工程，即海岸防护、海涂围垦、海港建筑、河口治理等；到了 20 世纪后半期，世界人口和经济迅速增长，人类对蛋白质和能源的需求量也急剧增加，因此海洋工程除了包括人们熟知的海洋石油、天然气开采外，还包括深海采矿、经济生物的增养殖、海水淡化和综合利用、海洋能的开发利用、海洋水下工程、海洋空间开发等。海洋科学研究成果的应用，由于服务对象不同，还相应地形成一些相对独立的应用性学科，如海洋水文气象预报、航海海洋学、渔场海洋学、军事海洋学等。

随着海洋开发尤其是海底石油开采事业的发展，以及向海洋排放废弃物的增加，海洋污染日趋严重，海洋环境保护的研究越来越受到人们的重视。20 世纪 60 年代以来，逐步形成一个新的分支学科——海洋环境科学。

以上是现代海洋学研究的学科分类及其体系结构的梗概。随着对海洋研究的深化和扩展，海洋科学的学科分类和体系将不断更新。

渤海绥中海上油田开发

研究简史 人类认识海洋的历史，是从在沿海地区和海上从事生产活动开始的。古代人类已具有关于海洋的一些地理知识。但直到 19 世纪 70 年代，英国皇家学会组织的“挑战者”号完成首次环球海洋科学考察之后，海洋学才开始逐渐成为一门独立的学科。20 世纪 50 ～ 60 年代以后，海洋学获得大发展，成为综合性很强的海洋科学。现在，有人认为海洋学是海洋科学的同义词，有

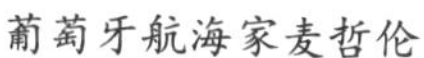
葡萄牙航海家麦哲伦

英国海洋探险家库克

人认为海洋学仅指海洋科学的基础性学科部分。纵观海洋科学的历史大致可以分为 3 个时期。

海洋知识积累时期　这是海洋学萌芽时期，时间从古代到 18 世纪末。

在科学不发达的古代，人们对海洋自然现象的认识和探索，主要依靠很不充分的观察和简单的逻辑推理。虽然当时只限于直观地、笼统地把握海洋的一些性质，但也提出了不少精彩的见解。例如，公元前 7 ～前 6 世纪古希腊的泰勒斯认为，水是万物之源，而大地则浮在浩瀚无际的海洋之中。前 11 ～前 6 世纪中国的《诗经》中，已有江河“朝宗于海”的记载。前 4 世纪，古希腊思想家中知识最渊博并被誉为“古代海洋学之父”的亚里士多德在《动物志》中，已描述和记载 170 多种爱琴海的动物。公元 1 世纪，中国东汉王充曾科学地指出了潮汐运动和月球运行的对应关系。2 世纪中叶，《托勒玫地图》绘有海洋。托勒玫指出大西洋和印度洋同地中海一样，是闭合的大洋，并认为地球东西两点彼此十分接近，如果向西航行，则可以抵达东端。这一观念在 1300 多年后，启发了意大利航海家 C. 哥伦布的向西远航的设想。

从 15 世纪到 18 世纪末，资本主义生产方式的兴起、自然科学和航海事业的

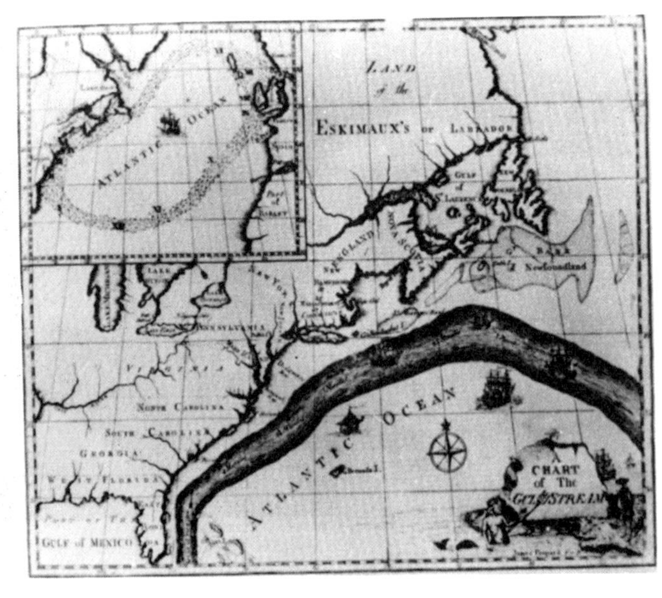

富兰克林制作出版的墨西哥湾流图

发展，促进了海洋知识的积累。这时的海洋知识以远航探险等活动所记述的全球海陆分布和海洋自然地理概况为主。1405～1433年中国明朝郑和率领船队7次横渡印度洋；1492～1504年哥伦布4次横渡大西洋，并到达美洲；1519～1522年葡萄牙航海家F.de麦哲伦等完成了人类历史上第一次环球航行；1768～1779年英国人J.库克在海洋探险中最早进行科学考察，取得了第一批关于大洋表层水温、海流和海深以及珊瑚礁等的资料。这些活动和成果，不仅使人们弄清了地球的形状和地球上海陆分布的大体形势，而且直接推动了近代自然科学的发展，为海洋学及其各主要分支学科的形成奠定了基础。如1596年中国屠本畯写出地区性海产动物志《闽中海错疏》；1670年英国R.玻意耳研究海水含盐量和海水密度的变化关系，开创了海洋化学研究；1674年荷兰A.van列文虎克在荷兰海域最先发现原生动物；1686年英国E.哈雷系统研究主要风系与主要海流的关系；1687年英国I.牛顿用引力定律解释潮汐，奠定了潮汐研究的科学基础；1740年瑞士D.伯努利提出一种潮汐静力学理论——平衡潮理论；1770年美国B.富兰克林制作并出版了墨西哥湾流图；1772年法国A.-L.拉瓦锡首先测定海水成分；

1775 年法国 P.-S. 拉普拉斯首创大洋潮汐动力学理论等。

海洋学建立时期　19 世纪初到 20 世纪中，机器大工业的产生和发展，有力地促进了海洋学的建立和发展。

英国科学家、生物进化论的创始人 C.R. 达尔文在 1831 ～ 1836 年随“贝格尔”号环球航行，对海洋生物、珊瑚礁进行了大量研究，于 1842 年出版《珊瑚礁的构造和分布》，提出了珊瑚礁成因的沉降说；于 1859 年出版《物种起源》，建立了生物进化理论。英国生物学家 E. 福布斯在 19 世纪 40 ～ 50 年代提出了海洋生物分布分带的概念，出版了第一幅海产生物分布图和海洋生态学的经典著作《欧洲海的自然史》。美国学者 M.F. 莫里为海洋学的建立作出了更为显著的贡献，他在 1855 年出版的《海洋自然地理学》被誉为近代海洋学的第一本经典著作。1872 ～ 1876 年，英国“挑战者”号考察被认为是现代海洋学研究的真正开始。“挑战者”号在 12 万多千米的航程中，作了多学科综合性的海洋观测，在海洋气象、海流、水温、海水化学成分、海洋生物和海底沉积物等方面取得大量成果，使海洋学从传统的自然地理学领域中分化出来，逐渐形成独立的学科。这次考察的另一个成果是激起了世界性海洋研究的热潮，很多国家相继开展大规模的海洋考察，建立临海实验室和海洋研究机构。1925 ～ 1927 年德国“流星”号考察船在南大西洋的科学考察，第一次采用电子回声测深法，测得 7 万多个海洋深度数据等资料，揭示了大洋底部并不是平坦的，它像陆地地貌一样变化多端。同时，各基础分支学科（海洋物理学、海洋化学、海洋地质学和海洋生物学）的研究在大量科学考察资料的基础上，也取得显著进展，发现和证实了一些海洋自然规律。例如，海洋自然地理要素分布的

英国“挑战者”号调查船

地带性规律、海水化学组成恒定性规律、大洋风生漂流和热盐环流的形成规律、海陆分布和海底地貌结构的规律，以及海洋动、植物区系分布规律等。这一时期的研究成果，由著名的海洋学家 H.U. 斯韦尔德鲁普和 M.W. 约翰孙、R.H. 弗莱明合作写成的《海洋》（1942）作了全面而深刻的概括。它是海洋学建立的标志。

现代海洋科学时期　第二次世界大战使人们认识到海洋知识的重要性，促进了海洋科学的发展。1957 年海洋研究科学委员会（SCOR）和 1960 年政府间海洋学委员会（IOC）的成立，促进了海洋科学的迅速发展。美国的“的里雅斯特”号潜水器 1960 年曾深潜到 10 916 米的海洋深处，美国核潜艇“鹦鹉螺”号 1958 年从冰下穿越北极，表明海洋的任何部分都能为人类所征服。这个时期海洋科学的发展有如下几个基本特征：

世界上第一艘核动力潜艇“鹦鹉螺”号

①海洋科学研究，普遍地从传统的静态定性描述和简单的因果分析向着动态定量分析发展，重视基础理论、现场实验和功能模拟研究。海洋科学的各个分支学科，都力图将其研究对象的形态与本质、结构与功能、激励与响应、稳定与起伏等有机地结合起来，作为具有动态变化的统一体系来考察，从而揭示新现象，发展新概念，提出新方法和新理论。例如，从 20 世纪 60 年代至今，化学海洋学家对大气 CO_2 的时间序列进行测定，证明了化石燃料燃烧和使用石灰石使 CO_2 浓度升高，将对气候产生潜在的严重后果。物理海洋学领域的进展有：对热带海洋与大气耦合的革命性认识和厄尔尼诺预测模型的发展；世界大洋的中尺度变率的

全球分布和地转湍流的理论与模型；世界大洋环流实验的完成和环流路径及时间尺度的改进估计；小尺度海水混合强度和这种混合对内波场的强度及其他环境条件依赖的定量测量；认识到中尺度变化是海洋中的天气过程，而环流可看作是海洋中的气候；认识到海洋-大气耦合系统是一个复杂反馈的系统。海洋地质与地球物理的成就主要表现在：板块构造理论的提出和完善，清晰地解释了地震和火山喷发的分布；精确地预测了相关生物种属的分布和演化模式；预测了海洋循环的可能途径、控制海平面变化的海洋体积的演化趋势及由于洋脊和海沟处的流体循环所引起的海水化学性质的改变；在海底热泉喷口的化学合成地区，板块构造理论甚至有可能解释生命起源问题；利用沉积物岩心的深海记录可重建地球古气候，发现地球气候变化是以千年或更短的时间尺度完成的；利用海洋微体古生物的钙质壳和硅质壳研究岩心的生物地层分布，发现气候发生了突然的波动，生物从喜暖到喜冷再回复到喜暖的变化速率非常快，不可能是由于板块漂移到不同的气候带中而引起，而是与跟气候相关的冰容积变化有关。

②海洋科学各分支学科之间、海洋科学和相邻基础学科之间的相互结合、相互渗透，逐步形成一系列跨学科高度综合性的研究课题。如海洋-大气相互作用和长期气候预报、海洋生态系统、海洋中的物质循环和转化、洋底构造以及有关海洋与地球的起源、海洋生命起源这样一些根本问题，促使海洋科学产生新的边缘学科、分支学科，而且呈现方兴未艾之势。潜水器在深达几千米的海底热液喷口处发现，在“沸水”里生存有约一英尺甚至更长的大型蛤类、超大尺寸的褐色蚌类和2～3米长的管状蠕虫，使生物海洋学在思维上经历了巨大的震撼。

③海洋调查方法向现代化和立体化方向发展。由于无人浮标站的应用可以取得全天候的连续资料，特别是海洋卫星遥感资料问世，开创了空间海洋学与海洋立体化调查。海洋立体观测系统是应用卫星、飞机、调查船、浮标、岸边测站、潜器、水下装置等作为观测平台，通过各种测量仪器和传输手段，实现资料的同步（或准同步）采集、实时传输和自动处理。海洋立体观测系统可以获取多参数完整的海洋资料，实现对海洋大面积、多层次的监测，是人类深入了解海洋现象、

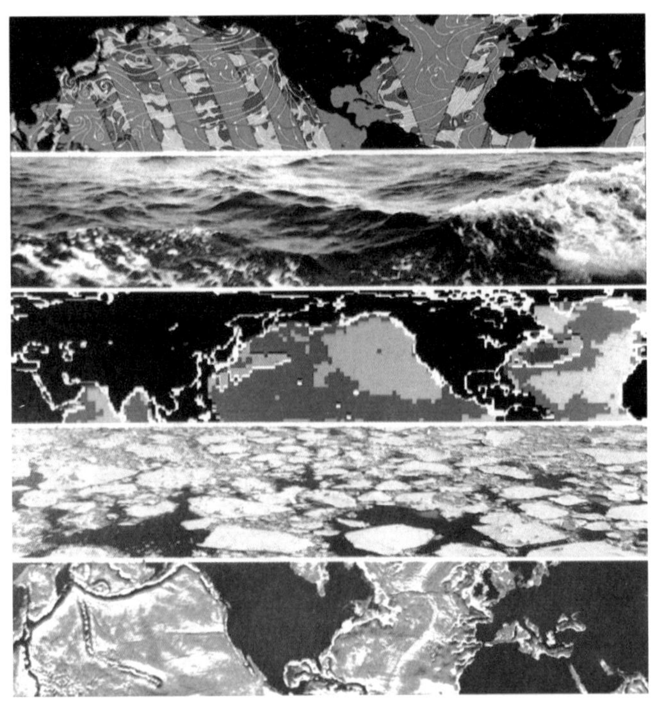

美国“海洋卫星”1号的卫星照片显示的海洋现象

掌握海洋时空变化规律的重要技术手段。

④海洋科学国际合作取得巨大进展。1950～1958年，美国斯克里普斯海洋研究所发起并主持了包括北太平洋在内的一系列调查，是联合调查的先声。随后通过1957～1958年国际地球物理年（IGY）、1959～1962年国际地球物理合作（IGC）、1959～1965年国际印度洋考察（IIOE）、1963～1965年国际赤道大西洋合作调查（ICITA）、1965～1972年黑潮及其毗邻海区合作调查（CSKC）、1968～1983年深海钻探计划和1985年开始的大洋钻探计划等联合调查的实施，在全球大部分海域1000多个位置取得了海洋沉积物和地壳的岩心，并验证了如海底扩张说等一些重要的假说，得到了来自深海海底以下包括洋壳的组成和演化方面由其他方法无法获得的数据，并使得追溯直到1.8亿年前的更为详细的全球古海洋历史成为可能。之后又开展了1971～1980年国际海洋考察十年、1986～1992年中日黑潮合作调查等联合调查。1990年后，进行了世界大洋环流

试验（WOCE）和热带海洋与全球大气-热带西太平洋海气耦合响应试验（TOGA-COARE 调查）。后者旨在了解热带西太平洋“暖池区”通过海气耦合作用对全球气候变化的影响，进一步改进和完善全球海洋和大气系统模式。由美国等国家的大气和海洋科学家于 1999 年提出的地转海洋学实时观测阵（ARGO）计划，旨在快速、准确、大范围收集全球海洋上层的海水温度、盐度剖面资料，从根本上解决目前天气预报中对海洋内部信息缺少了解的局面，以提高气候预报精度，防御和减少日益严重的气候灾害。随着全球国际合作的开展，为了有效使用海洋数据和资料，世界（海洋科学）资料中心相继建立，在数据传输和处理系统方面有飞跃的进展。

[四、海洋研究科学委员会]

国际科学联合会理事会（ICSU）下属的常设科学委员会。是国际性民间海洋科学组织，同时也是联合国教科文组织和政府间海洋学委员会的科学咨询机构，简称海洋科委会。职能是促进和组织海洋科学各分支学科的国际科学研究活动，制订国际海洋研究规划，促进海洋资料的交换，建立各种资料标准。

海洋研究科学委员会的主要组织机构是代表大会、执行委员会和秘书处。代表大会是决策机构，每两年召开一次；执行委员会在大会闭会期间全面负责该组织的各项工作，每年召开一次会议；秘书处负责有关行政事务。

海洋研究科学委员会的成员由三类会员组成：①国际科学联合会理事会、国际大地测量学和地球物理学联合会（IUGG）、国际理论物理和应用物理学联合会（IUPAP）、国际生物科学联合会（IUBS）、国际地质科学联合会（IUGS）、国际地理联合会（IGU）、国际生理科学联合会（IUPS）和国际生物化学联合会（IUB）的代表。②各个会员国国家海洋研究委员会派出的 3 名海洋科学家。③特邀海洋科学家。此外，联合国教科文组织、联合国粮农组织以及世界气象组织

国家海洋资源保护区南麂列岛

也派出代表参加。各国的国家海洋研究委员会代表国家同海洋研究科学委员会联系，并负责协调国内海洋科学事务。中国 1985 年成立国家海洋研究委员会，由曾呈奎、罗钰如、任美锷为代表加入海洋研究科学委员会。

海洋研究科学委员会的具体业务工作主要是通过执行委员会组建的各种工作组来执行。其活动广泛涉及海洋研究的各个学科，通过各工作组积极从事大量海洋问题的研究；与有关团体、机构联合发起各种海洋科学国际合作、会议和专题讨论会，并出版科学会议记录；促进海洋资料的收集、处理和交换；编制各种必要的海洋学表格和标准。主要出版物是《海洋研究科学委员会会议录》（年刊）。

第二章　丰富的资源与物种

[一、海洋资源]

人类可利用的在海洋中生成的物质、能量和环境能力。包括海洋资源在内的一切自然资源“都是在一定的时间、地点、条件下能够产生经济价值以提高人类当前和将来福利的自然环境和条件”（联合国环境规划署定义）。就海洋资源本身而言，既是人类生存环境的一个重要组成部分，也是人们十分关注的、可被人类直接或间接利用，从而创造经济价值的那一部分海洋环境与条件。海洋资源有几种分类方法，最普遍的是按资源属性分类，可分为海洋生物资源、海洋矿产资源、海洋化学资源、海洋能资源和海洋空间资源等。其他的分类方法有：按资源有无生命，分为生物资源和非生物资源；按资源有无恢复能力，分为可更新资源与不可更新资源；按资源是否可提取，分为可提取资源与不可提取资源等。随着人们对深海研究的深入，人们又提出了一种有别于传统概念的新型的海洋资源，即深海资源，包括生物基因资源、天然气（碳氢）水合物资源、多金属结核资源、富钴结核资源、海底热液硫化物、深海黏土和软泥，都有开发前景。

海洋生物资源 海洋中有生命、能自行繁殖、可更新、具经济价值的资源，又称海洋渔业资源和海洋水产资源。其主要的组成是鱼、虾（蟹、磷虾）、贝（头足类、螺）、鲸、海藻及部分海参、海蜇等。其特点是通过生物个体和种群的繁殖、生育、生长和新陈代谢，使资源不断更新、种群不断得到补充，并通过一定的自我调节达到数量上的相对稳定。在有利的条件下，种群数量会迅速扩大；在不利的条件下（包括不合理捕捞），种群数量会急剧下降，资源趋于衰落。

海洋生物资源自古至今都是人们食物的重要来源。主要有三类：海洋鱼类、海洋软体动物和海洋甲壳动物。其中，最重要的是海洋鱼类资源。按捕获鱼类的食物对象分，食浮游生物者约占75%，食游泳生物者约占20%，食底栖生物者占4%，食各种类群生物者仅为1%。海洋软体动物资源主要是头足类（枪乌贼、乌贼和章鱼），它们在大洋甚至近海区都有较大的数量，能形成良好的渔场。此外是双壳类，主要是牡蛎、扇贝、贻贝和各种蛤类。至于海洋甲壳动物资源，在

中国广东阳江渔港整装待发的捕鱼船

海洋渔业捕获量中仅占5%，但其中的虾、蟹具有很高的经济价值，是颇受人们重视的一个海洋生物类群，尤其是对虾类和其他游泳虾类。

20世纪80年代以来，以南极磷虾为主的浮游甲壳类的产量大幅增加。由于海洋甲壳动物经济价值高、寿命短、再生力强，因而已成为人工养殖的主要对象。

从人类对海洋生物资源的应用情况看，海洋生物资源可分为四类：①药用海洋生物资源；②工业用海洋生物资源（主要是海藻工业）；③海水珍珠资源；④观赏生物资源。其中，药用海洋生物具有十分丰富的营养和生理活性物质，兼具药物和保健功能。

随着人们对深海研究的深入，人们又十分关注深海生物基因资源，不仅具有研究基础，也具备了一定的开发能力，如中国已筛选得到低温蛋白酸、低温几丁质酶等终端酶，极具开发前景。

海洋矿产资源 海洋中的矿物原料。通常理解为海底矿产资源。包括海滨砂矿资源、海底矿产资源和大洋矿产资源三类。

海滨砂矿资源 分布于近岸海域的海底，包括金属砂矿与非金属砂矿两类。前者主要是铁矿砂、锡石矿砂、砂金和稀有金属砂矿（金红石、钛铁矿、锆石和独居石等）；后者主要是金刚石矿砂，以及砂砾等建筑材料，分布于沿海各国的领海和大陆架与专属经济区内。

海底矿产资源 指蕴藏在陆架和部分陆坡上的矿产。主要是海底石油和天然气、煤矿、硫矿、磷灰石矿以及岩盐等矿产，其中海底石油与天然气尤为重要，其经济价值占海底矿产资源的90%以上。业已查明，海洋油、气的分布几乎遍及世界各大陆架和部分陆坡深水区。

大洋矿产资源 主要是多金属结核矿和多金属结壳矿（磷灰石与其伴生），以及多金属硫化物和多金属软泥等海底热液矿。主要分布于国际海底（法律上称为“区域”）内，部分分布于各国的专属经济区内。此外，还有天然气水合物资源，以及深海黏土和软泥资源。天然气水合物是一种新型能源，也称可燃冰，因能量密度高、分布广、规模大，开发潜力大。深海黏土最主要的矿物是伊利石，其次

是蒙脱石和高岭石，绿泥石相对较少。软泥是已发现的最有经济价值的含金属沉积物矿。大洋中黏土矿物分布具有明显的纬度分带性、略具对称性，含量多寡由极地向赤道呈分级现象。据测算，世界大洋的黏土和软泥资源分别为 2.1×10^7 立方米和 3.1×10^7 立方米，潜力巨大。

海洋化学资源 存在于海洋中的有经济价值的化学物质。通称海水化学资源。主要是海洋无机资源。海洋水体是地球上最大的连续矿体，地球上各种天然存在的元素在海洋水体中几乎都能发现，迄今海水中已检出 92 种自然界存在的元素。这些元素溶解态的主要赋存形态因世界各大洋的不同海域和不同深度稍有差别，但差别不大。

海水的化学成分按浓度依次分为主要成分（常量元素）、微量元素和痕量元素。微量元素对生物来说是必需的，如铜、铁、锰可促进浮游植物光合作用；微量元素不但存在于海水的一切物理过程、化学过程和生物过程中，而且还参与海洋循环的各界面的交换过程。海水中的微量和痕量元素虽然浓度很低，但海洋中的总储量仍十分可观，如铀、钴等依然是人们关注的化学资源。

海洋能资源 存在于海洋中可再生的自然能源。主要包括潮汐能、潮流能、海流能、海洋温差能（海洋热能）和海洋盐差能（海洋浓度差能）等。其中，潮汐能和潮流能源于月球、太阳和其他星球的引力，其他海洋能均源于太阳能。从能量的形式看，海洋温差能是热能，海洋盐差能是化学能，其他的海洋能则都是机械能。海洋能的利用就是将各种形式的海洋能转换为电能。

海洋能资源的特点是：蕴藏量大，可再生，利用时直接取自于海洋，没有或几乎很少对海洋环境造成污染；由于在海洋环境中能流分布不均，能流密度小，品位低；能量多变，不稳定，波动大，尤其是波浪能，更具随机性；能量转换装置庞大、复杂，投资大。由于海洋能资源具有无可比拟的优势，随着开发技术的进步和成本的下降，该资源将会在人类未来的资源构成中占有重要的位置。

海洋空间资源 包括海面、海中、海底，以及一定范围的沿岸地区（宜港岸线、潮间带等）可作为交通、生产、生活、储藏、军事、通信、电力输送、海洋娱乐、海洋倾废等的环境。海洋空间资源丰富，全球海洋面积为地球总面积的71%，海洋平均深度约为3800米，海洋水体空间为13.7亿立方千米。

按利用方式，海洋空间资源可分为海洋交通运输空间、海洋生产空间、海洋生活和海洋娱乐空间、海洋储藏空间、海洋通信和电力输送空间、海洋倾废空间等。

海洋交通运输空间　传统海洋交通运输，表现为在宜港岸线建港和海上航线运输。新型的海洋交通运输则是立体空间的，主要是海底隧道、海上道路和桥梁、海上机场等。海底隧道通常建于海峡或海湾之下，不受天气影响，运输速度快，经济效益高。建筑海上道路和海上桥梁最著名的例子是意大利北部重要港口和工业城市威尼斯，它由400座桥梁和117条水道将118个分开的小岛连接起来，是名副其实的“水上城市”。海上机场和海上铁路主要建于海滨城市附近的海域，其建造方式主要有填海式、浮体式、围海式和栈桥式4种。

海洋生产空间　向海上扩展生产场所的环境。主要形式有二：其一是通过填海造地和围海造田的方式建造海上生产场所。著名的例子是荷兰围海营造国土，日本在太平洋沿岸建造沿海工业基地。其二是在水深较大的海域建设各种人工岛或浮动平台。海上工厂按生产目的分为资源选址型和消费地选址型两类。前者是

中国海南文昌市海滨度假村

某些海洋能利用厂，后者是海上废弃物处理厂。

海洋生活空间　向海上拓展居住空间，建设新型的海上城市。分两类：一类是人工岛式的，可有较大规模建筑；另一类是浮动式及填筑式的，如海上博览会等场馆。

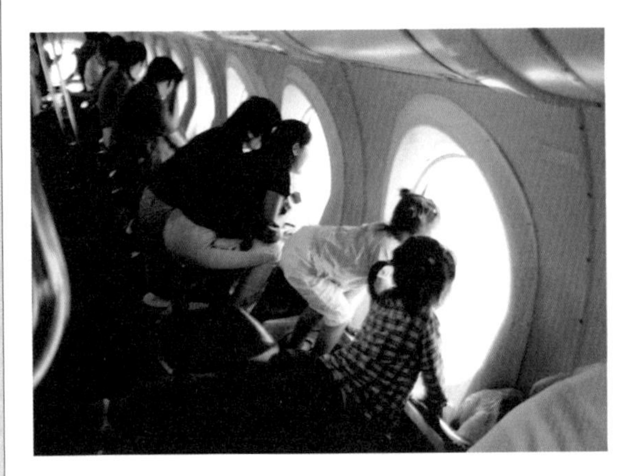

中国海南三亚海底观光潜艇

海洋娱乐空间　主要包括海上公园和海上游乐中心。娱乐方式主要有海上游览观光、海底世界观光，此外还有海洋潜水、冲浪、滑水、垂钓等。

海洋储藏空间　目前主要是海上石油储藏系统。有坐底式和浮动式两种类型。但其前景乐观，除石油外，还可储存煤、淡水、农产品、海砂砾、液态天然气和液化石油气等。

海洋通信和电力输送空间　主要是铺设海底电缆和光缆。就发展的前景看，海底光缆将逐步取代海底电缆。

海洋军事空间　主要是海底军事基地。可分两类：一类是设在海底表面的基地，另一类是在海底下面开凿隧道和岩洞的基地。

海洋倾废空间　选择适宜的海洋环境，利用海洋的自净能力处理倾废物，以及建立海上废弃物处理场。通过船运的倾废物包括疏浚物、下水道污泥、工业废物、放射性物质以及某些军事废弃物和焚烧的残留物等。为防止、减少和控制倾废对海洋环境的污染，1996 年 10 月 29 日至 11 月 8 日在伦敦国际海事组织总部召开 1972 年伦敦公约（全称《防止倾倒废物及其他物质污染海洋的公约》）缔约国特别会议，并通过了 1972 年伦敦公约与 1996 年议定书。中国也确定了倾废海区。

[二、海洋生物学]

研究海洋中生命现象、过程及其规律的科学。是海洋科学的一个主要学科，也是生命科学的一个重要分支。它研究海洋里生命的起源和演化，生物的分类和分布、发育和生长、生理、生化和遗传，特别是生态。目的是阐明生命的本质、海洋生物的特点和习性及其与海洋环境间的相互关系、海洋中发生的各种生物学现象及其变化规律，进而利用这些规律为人类生活和生产服务。

研究简史 公元前4世纪，古希腊亚里士多德在《动物志》中记述了170多种海洋生物，按现代分类包括海绵动物、刺胞动物、蠕虫、软体动物、节肢动物、棘皮动物、原索动物、鱼类、爬行类、海鸟、海兽等10多个主要动物类群，其中海洋鱼类即有110多种。公元前3世纪左右刊行的中国《黄帝内经》中，已有用乌鲗（即墨鱼）和鲍鱼治病的记录。公元前2～前1世纪成书的《尔雅》，不但记载有海洋动物，而且记载有海洋藻类。公元初古罗马S.C.普利尼乌斯的《自然历史志》，记录了170多种海洋生物。中国明朝屠本畯的《闽中海错疏》(1596)，记载有200多种海产生物。以上为海洋生物学的萌芽阶段。

随着自然科学和航运事业的发展，海洋生物学进入到科学的研究阶段。1674年荷兰A.van列文虎克最先发现海洋原生动物。1777年丹麦O.F.米勒应用显微镜观察北海的浮游生物。19世纪前期C.G.埃伦贝格在海洋中发现硅鞭藻类。英国C.R.达尔文对他在1831～1836年“贝格尔”号航海中采集的蔓足类和珊瑚类进行了出色研究。德国J.米勒于1845年使用浮游生物网采集和研究海洋浮游生物。英国E.福布斯在19世纪中期先后提出海洋生物垂直分布的分带现象，按深度将爱琴海分成8个带；发表《英国海产生物分布图》；出版《欧洲海的自然史》。德国V.亨森于1887年提出浮游生物的概念，并对海洋浮游生物开展了定量研究。1891年德国E.海克尔提出游泳动物和底栖生物两个概念。上述3个生态类群的概念，至今仍广为应用。1908～1913年丹麦C.G.J.彼得森的工作奠定了海洋底栖生物定量研究的基础。1946年美国C.E.佐贝尔的《海洋微生物学》奠定了海

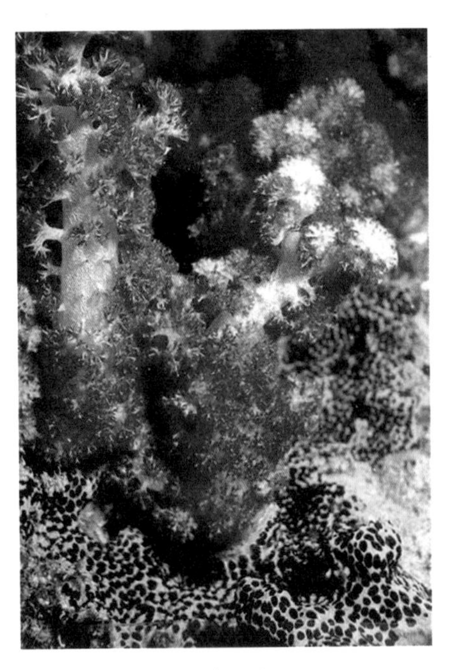
八放珊瑚

洋微生物主要是海洋细菌的研究基础。瑞典S.埃克曼的《海洋动物地理学》（1935、1953）、美国J.W.赫奇佩斯等主编的《海洋生态学和古生态学论文集》（1957）和H.B.穆尔的《海洋生态学》（1958）等，都促进了海洋生物学的发展。

19世纪下叶开始，各国竞相派出海洋考察船、设立滨海生物研究机构，海洋生物的研究工作日益兴盛。其中，最有名的海洋考察是英国“挑战者”号调查船历时三年半（1872～1876）的环球调查，学者们采集了大量深层和中层生物，出版了50卷巨著，所记载的生物的新种达4400多个，使当时已知的海洋生物种数翻了几番。最古老的海洋生物研究机构是意大利那不勒斯（那波利）海洋生物研究所，成立于1872年，1874年正式开放。1888年英国海洋生物学会成立了普利茅斯海洋研究所。美国在大西洋岸的伍兹霍尔海洋研究所，于1888年建立；在太平洋岸的斯克里普斯海洋研究所的前身海洋生物实验所，于1891年创建。它们至今仍是世界上最活跃的海洋生物研究中心，特别是伍兹霍尔海洋研究所的工作，对海洋生物学的发展起了重要的作用。

20世纪60～70年代以来，由于电子计算机、信息论、控制论和微量化学元素测定等新成就、新技术的应用，海洋生物学的研究发展到新的阶段。如英、日学者利用生物工程技术研制出控制海洋鱼苗性别的方法，美国发射海洋卫星调查海洋鱼群的数量和种类变化等。该阶段的特点是：①海洋生物学研究出现大综合趋势，海洋生态系研究兴起，如对珊瑚礁生态系、上升流生态系的研究。②实验生物学研究大力开展，并与生产实践密切联系。进行水产增养殖研究，促进海洋水产生产农牧化，已成为重要的发展方向。③向深海和远洋两个方向发展。研究深海和远洋生物的生命活动、代谢规律和演变及其资源，如对南大洋磷虾资源的调查和利用；美国等国学者在深海海底发现由化能自养的细菌和动物等组成的海底热泉生物群落，它们组成一个与陆地、淡水以及绝大部分海域迥然不同的物质循环和生态系统。④海洋生物药物研究兴起。自50年代后期在柳珊瑚中发现有价值的药用成分后，沿海各国纷纷从海洋生物中寻找药物，目前已知的海洋药用生物已有1000多种。

中国对海洋生物的科学研究始于20世纪20年代，以后曾活跃一阵。30年代初在厦门组织了全国性的中华海产生物学会，30年代中期海洋生物研究中心逐渐转移到青岛。30年代后期至40年代，中国海洋生物研究基本处于停顿状态。50年代及其以后，在中国科学院、教育部、国家水产局和海洋局系统以及一些省市，先后建立了海洋生物的研究机构，开展了全国性的海洋调查、渔场调查、海洋水产养殖和栽培，以及实验生物学和海洋生物学基础理论的研究，取得了许多较高水平的成果。

中国海洋大学

研究内容与分科 海洋生物学研究的内容极为丰富，且随着海洋调查手段和开发技术的改进而不断发展。生物学的各个领域——分类、形态、区系分布、生态、生理、生化、遗传等，在海洋生物学中均有相应的发展，但研究程度相差甚远。目前海洋生态的研究较为成熟，已形成海洋生态学。

海洋生物分类学 以界、门、纲、目、科、属、种系统研究各种海洋生物的地位，目的是了解海洋生物的资源和进化系统。200 多年来，生物学者基本上遵循 C.von 林奈的两界说（1735），把海洋生物划分为海洋植物和海洋动物两大类。随着分类学的发展，科学家们认识到这个分类法有不少缺点，如真菌和大多数细菌并不营光合作用，却被归入植物。所以，20 世纪 50 ～ 60 年代以来，学者们提出了多界说，其中具有代表性的是 R.H. 惠特克的五界说（1969）。惠特克把生物分为原核生物界、原生生物界、植物界、真菌界和动物界。但他的分类存在一些自相矛盾和明显不合理的地方。至于一些学者把海洋生物划分为海洋植物、海洋动物和海洋微生物也不妥当。因为海洋微生物只是众多微小生物的总称，并不从系统发育角度体现生物之间的亲缘关系，而且它包含原核和真核生物、单细胞和少数多细胞生物、细菌，以及一部分真菌、植物和动物，十分庞杂，不能与动、植物并列。因此，我们将海洋生物划分为海洋细菌、海洋真菌、海洋植物和海洋动物。

海洋生物中，现知种类最多的是海洋动物，有 16 万～ 20 万种，分布在动物界的数十个门类中。海洋植物 10000 多种，主要是低等的植物——海洋藻类，高等的海洋种子植物仅有 100 多种。海洋真菌不足 500 种。海洋细菌的种类较多。

海洋生物形态学 研究海洋生物外部和内部形态的特征及其规律，是海洋生物学和海洋生态学研究必不可少的一部分。海洋与陆地相比具有很大的特殊性，尤其是深海的强大压力和黑暗无光，使海洋动物、细菌等在外部和内部形态上的多样性和特殊性十分明显。这些特征和规律是无法从研究陆栖生物中得到的。

海洋生物区系分布 研究生物在海洋中的分布及其规律，阐明海洋生物区系的特点及其与海洋环境的关系。它不但与海洋渔业生产直接相关，同时为海洋生态学、海洋地质学、海洋物理学、海洋化学等研究提供依据。如生活在海洋中的动物种数大大地少于陆地和淡水，但其门类之多又明显地超过陆地和淡水，这说明海洋环境比陆地和淡水要稳定得多；热带亚热带海岸的红树林能延伸到北美百慕大群岛、日本的九州，说明了海洋暖流的作用等。

海洋生态学　研究海洋生物之间及其与周围环境的相互关系。它和人类的生活、生产直接相关。海洋个体生态、种群生态、群落生态、生态系的研究是海洋生态学研究的基本层次。海洋个体生态和群落生态研究得较好的是海洋浮游生物和海洋底栖生物，海洋种群生态研究得较为充分的是海洋游泳生物中的鱼类。海洋生态系统研究以河口生态系、上升流生态系、珊瑚礁生态系及内湾生态系进展较快。海洋古生态学研究古代海洋生物之间及其与地史时期海洋环境的相互关系，60 年代以来随着石油、天然气等的大力开发和深海钻探计划（DSDP）的实施，发展很快。

格纹蝴蝶鱼

食物是生态学最基本的课题之一。对海洋食物链和食物网、海洋生物生产力的研究，也是海洋生态学的重要研究内容。

海洋生物生理、生化和遗传研究　分别研究海洋生物机体各部分的生理机能、化学组成和代谢、遗传特性及其变化规律。由于人类对海洋资源的需求激增，海洋生物在经济上、科学上的价值也愈益重要，因而这些方面的研究都已有不同程度的进展。

生物海洋学　研究生物作为海洋组成部分而产生的各种海洋现象，如海洋浮游生物的昼夜垂直移动等现象在时间和空间上分布的特征。这是海洋生物学所特有的一个分支学科，近年来发展较快。

研究意义　海洋是生命的发源地，地球上生命 30 多亿年的发展史，其中 85%以上的时间是完全在海洋中度过的。要研究生命的起源和演化问题，离不开海洋生物学的工作。

海洋中生物门类主要是动物门类的多样性远远超过陆地和淡水，其中许多门类的动物只能生活在海洋中。要了解整个生物的分类系统及其演化过程，必须研究海洋生物学。

海洋占地球表面面积的71%，又是众多工业废料的汇集地，海洋生态学的研究不但有利于保护生物的生存环境，而且直接关系到海洋生物资源的开发和利用。

海洋生物具有一些特有的生理机能和生化特点，如海洋鱼类和哺乳类的游泳能力、回声定位和体温调节，已成为仿生学的重要研究内容。

在国民经济建设中，海洋生物学也占有重要地位。海洋生物是人类食物

渔民收获海带（褐藻）

的重要来源，现可供食用的海洋藻类已达近百种，如海带、紫菜；可供食用的海洋动物则更多，全世界所消耗的动物蛋白质（包括饲料用的鱼粉），约有12.5%～20%（鲜品计算）来自海洋。海洋生物是工农业和药物原料，如由海藻中提取的琼胶、卡拉胶、褐藻胶已分别用于食品、酿造、涂料、纺织、造纸和印刷工业；已从海洋生物体中提炼出各种酶和激素、多肽类、多糖类、脂酸等，用于制作神经毒素、麻醉剂、止血剂、降压剂、抗生物质、抗生素、抗癌物质等药物。

珍珠、红珊瑚、角珊瑚等，是名贵的装饰品和工艺原料。红树林和海草具有护堤防浪等作用，它们的生长区是理想的海洋水产生产农牧化的基地。不少海洋生物还具有观赏价值。

也有一些海洋生物对人类是有害的，如船蛆、海笱、蛀木水虱等海洋钻孔生物，贻贝、牡蛎、藤壶等海洋污着生物。

问题和展望 海洋生物学随着调查的开展和手段的改进而发展。20 世纪 60 年代以来，随着新技术和新成果的运用，海洋科学出现了飞跃。相比之下，海洋生物学的发展不如海洋科学的其他学科快，其中一个重要原因是调查手段和工具仍较落后、陈旧。因此，海洋生物学的发展亟待调查和实验手段、仪器的革新。

资料表明，世界人均海洋渔业产品的消费量在下降，而且传统的渔场和传统的渔业资源出现了捕捞过度的问题。因此，亟须改变当前传统的狩猎式捕捞方法，对海洋生物实行系统的科学管理和开采。大力开发远洋和深海的海洋生物资源，特别是 2000 米以下的动物资源；注意开辟新的渔业资源，尤其是食物链级次较低的种类，如南大洋的磷虾；同时，大力发展浅海水域的养殖业，早日实现海洋生物农牧化的大面积生产。

舟山群岛嵊山贻贝养殖基地

海洋生态学研究是海洋生物学目前最为重要也最为活跃的一个领域。为科学地开发、利用和发展海洋生物资源，满足人类的需求，应更有力地促进海洋生态学在理论和应用方面的进一步发展，了解各个海域的生物组成、种群结构和数量变动规律、群落的构成和更替、生态系的结构和功能及其物质的转换和能量的循环，以确保生物资源（种群密度）能持续地高产，预报生物数量和环境变化的方向，保持生态平衡；同时，促进海洋生物学其他领域（分类、生理、生化、遗传等）的发展。

从海洋生物中寻找新药，已成为海洋生物学研究的一个重要方向。随着海洋药物研究的深入，海洋生物增殖和养殖事业的发展，分子化学、生物工程的理论和手段的引入，不但能出现造福于人类的新药、养殖新品种，而且将促进海洋分子生物学、海洋生物工程学的建立和发展。对海洋生物，尤其是对海底热泉化能自养细菌和动物及其生态系等的深入研究，将推动生命起源和演化问题的研究。

[三、海洋微生物]

以海洋水体为正常栖居环境的一切微生物。海洋细菌是海洋微生物中分布最广、数量最大的一类生物，是海洋生态系统中的重要环节。作为分解者，它促进了物质循环；在海洋沉积成岩及海底成油成气过程中，都起了重要作用。还有一小部分化能自养菌则是深海生物群落中的生产者。海洋细菌可以污损水工构筑物；在特定条件下其代谢产物如氨及硫化氢也可毒化养殖环境，从而造成养殖业的经济损失。但海洋微生物的颉颃作用可以消灭陆源致病菌，它的巨大分解潜能几乎可以净化各种类型的污染，它还可能提供新抗生素以及其他生物资源，因而随着研究技术的进展，海洋微生物日益受到重视。

特性　与陆地相比，海洋环境以高盐、高压、低温和稀营养为特征。海洋微生物长期适应复杂的海洋环境而生存，因而有其独具的特性。

嗜盐性　海洋微生物最普遍的特点。真正的海洋微生物的生长必需海水。海水中富含各种无机盐类和微量元素。钠为海洋微生物生长与代谢所必需。此外，钾、镁、钙、磷、硫或其他微量元素也是某些海洋微生物生长所必需的。

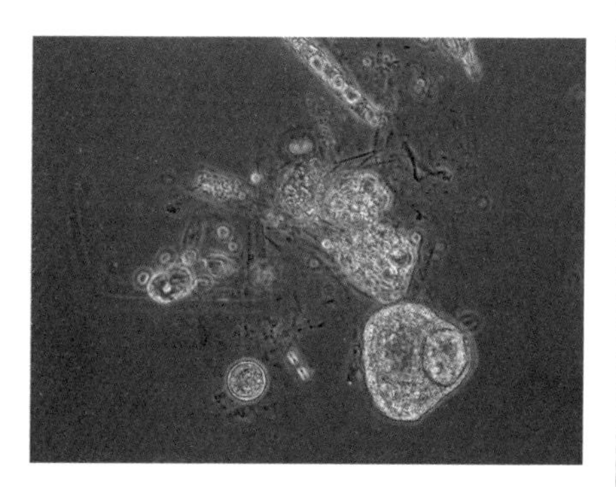

海冰生物群落光学显微照片
（硅藻、绿藻和原生动物等）

嗜冷性　大约90％海洋环境的温度都在5℃以下，绝大多数海洋微生物的生长要求较低的温度，一般温度超过37℃就停止生长或死亡。那些能在0℃生长或其最适生长温度低于20℃的微生物称为嗜冷微生物。嗜冷菌主要分布于极地、深海或高纬度的海域中。其细胞膜构造具有适应低温的特点。那种严格依赖低温才能生存的嗜冷菌对热反应极为敏感，即使中温就足以阻碍其生长与代谢。

嗜压性　海洋中静水压力因水深而异，水深每增加10米，静水压力递增1个标准大气压。海洋最深处的静水压力可超过1100大气压。深海水域是一个广阔的生态系统，约56％以上的海洋环境处在100～1100大气压的压力之中，嗜压性是深海微生物独有的特性。来源于浅海的微生物一般只能忍耐较低的压力，而深海的嗜压细菌则具有在高压环境下生长的能力，能在高压环境中保持其酶系统的稳定性。研究嗜压微生物的生理特性必须借助高压培养器来维持特定的压力。那种严格依赖高压而存活的深海嗜压细菌，由于研究手段的限制迄今尚难于获得纯培养菌株。根据自动接种培养装置在深海实地实验获得的微生物生理活动资料判断，在深海底部微生物分解各种有机物质的过程是相当缓慢的。

低营养性　海水中营养物质比较稀薄，部分海洋细菌要求在营养贫乏的培养基上生长。在一般营养较丰富的培养基上，有的细菌于第一次形成菌落后即迅速死亡，有的则根本不能形成菌落。这类海洋细菌在形成菌落过程中因其自身代谢产物积聚过甚而中毒致死。这种现象说明常规的平板法并不是一种最理想的分离海洋微生物的方法。

趋化性与附着生长　海水中的营养物质虽然稀薄，但海洋环境中各种固体表面或不同性质的界面上吸附积聚着较丰富的营养物。绝大多数海洋细菌都具有运动能力。其中某些细菌还具有沿着某种化合物浓度梯度移动的能力，这一特点称为趋化性。某些专门附着于海洋植物体表而生长的细菌称为植物附生细菌。海洋微生物附着在海洋中生物和非生物固体的表面，形成薄膜，为其他生物的附着提供条件，从而形成特定的附着生物区系。

多形性　在显微镜下观察细菌形态时，有时在同一株细菌纯培养中可以同时观察到多种形态，如球形、椭圆形、大小长短不一的杆状或各种不规则形态。这种多形现象在海洋革兰氏阴性杆菌中表现尤为普遍。这种特性看来是微生物长期适应复杂海洋环境的产物。

发光性　在海洋细菌中只有少数几个属表现发光特性。发光细菌通常可从海水或渔产品上分离到。细菌发光现象对理化因子反应敏感，因此有人试图利用发光细菌作为检验水域污染状况的指示菌。

分布　海洋细菌分布广、数量多，在海洋生态系统中起着特殊的作用。海洋中细菌数量分布的规律是：近海区的细菌密度较大洋大，内湾与河口内密度尤大；表层水和水底泥界面处细菌密度较深层水大，一般底泥中较海水中大；不同类型的底质间细菌密度差异悬殊，一般泥土中高于沙土。大洋海水中细菌密度较小，每毫升海水中有时分离不出 1 个细菌菌落，因此必须采用薄膜过滤法：将一定体积的海水样品用孔径 0.2 微米的薄膜过滤，使样品中的细菌聚集在薄膜上，再采用直接显微计数法或培养法计数。大洋海水中细菌密度一般为每 40 毫升几个至几十个。在海洋调查时常发现某一水层中细菌数量剧增，这种微区分布现象主要决定于海水中有机物质的分布状况。一般在赤潮之后往往伴随着细菌数量增长的高峰。有人试图利用微生物分布状况来指示不同水团或温跃层界面处有机物质积聚的特点，进而分析水团来源或转移的规律。

海水中的细菌以革兰氏阴性杆菌占优势，常见的有假单胞菌属等 10 余个属。相反，海底沉积土中则以革兰氏阳性细菌偏多。芽孢杆菌属是大陆架沉积土中最常见的属。

海洋真菌多集中分布于近岸海域的各种基底上，按其栖住对象可分为寄生于动植物、附着生长于藻类和栖住于木质或其他海洋基底上等类群。某些真菌是热带红树林上的特殊菌群。某些藻类与菌类之间存在的密切的营养供需关系，称为藻菌半共生关系。

大洋海水中酵母菌密度为每升5～10个。近岸海水中可达每升几百至几千个。海洋酵母菌主要分布于新鲜或腐烂的海洋动植物体上。海洋中的酵母菌多数来源于陆地，只有少数种被认为是海洋种。海洋中酵母菌的数量分布仅次于海洋细菌。

在海洋环境中的作用　海洋堪称为世界上最庞大的恒化器，能承受巨大的冲击（如污染）而仍保持其生命力和生产力，微生物在其中是不可缺少的活跃因素。自人类开发利用海洋以来，竞争性的捕捞和航海活动、大工业兴起带来的污染以及海洋养殖场的无限扩大，使海洋生态系统的动态平衡遭受严重破坏。海洋微生物以其敏感的适应能力和快速的繁殖速度在发生变化的新环境中迅速形成异常环境微生物区系，积极参与氧化还原活动，调整与促进新动态平衡的形成与发展。从暂时或局部的效果来看，其活动结果可能是利与弊兼有；但从长远或全局的效果来看，微生物的活动始终是海洋生态系统发展过程中最积极的一环。

微生物在海洋氮循环中的作用与陆地相仿，虽然至今尚未在海洋中发现根瘤菌，但固氮菌不难从海洋中分离到。硝化细菌多集中分布于海洋沉

海冰内部冰藻的大量繁殖使海冰变为棕色

积土中，海水中的硝酸盐含量随着靠近沉积土的程度而逐渐增加。因此，硝化作用在大陆架或近岸海域较为明显。海水中的硝酸盐主要是通过这一途径产生。反硝化作用在有机物来源丰富和溶解氧浓度低的内湾或河口海域较为强烈。反硝化细菌在一定条件下影响海洋中处于可利用状态的氮。

某些异养细菌分解含硫蛋白质类物质产生硫化氢。此外，有机物丰富的浅海缺氧水域中硫酸盐还原细菌还原硫酸盐产生大量硫化氢，污染大片海湾与滩涂。这些硫化氢可由各种硫细菌氧化，经硫、硫代硫酸盐变成硫酸盐。

微生物分解海洋动植物残体，并释放出可供植物利用的无机态磷酸盐。磷也是海洋微生物繁殖和分解有机物过程中不可缺少的限制性因子。

海洋中的微生物多数是分解者，但有一部分是生产者，因而具有双重的重要性。实际上，微生物参与海洋物质分解和转化的全过程。海洋中分解有机物质的代表性菌群：分解有机含氮化合物者有分解明胶、鱼蛋白、蛋白胨、多肽、氨基酸、含硫蛋白质以及尿素等的微生物，利用碳水化合物类者有主要利用各种糖类、淀粉、纤维素、琼脂、褐藻酸、几丁质以及木质素等的微生物。此外，还有降解烃类化合物以及利用芳香化合物如酚等的微生物。海洋微生物分解有机物质的终极产物如氨、硝酸盐、磷酸盐以及二氧化碳等都直接或间接地为海洋植物提供主要营养。微生物在海洋无机营养再生过程中起着决定性的作用。某些海洋化能自养细菌可通过对氨、亚硝酸盐、甲烷、氢和硫化氢的氧化过程取得能量而增殖。在深海热泉的特殊生态系中，某些硫细菌是利用硫化氢作为能源而增殖的生产者。另一些海洋细菌则具有光合作用的能力。不论异养或自养微生物，其自身的增殖都为海洋原生动物、浮游动物以及底栖动物等提供直接的营养源。这在食物链上有助于初级或高层次的生物生产。在深海底部，硫细菌实际上负担了全部初级生产。

在海洋动植物体表或动物消化道内往往形成特异的微生物区系，如弧菌等是海洋动物消化道中常见的细菌，分解几丁质的微生物往往是肉食性海洋动物消化道中微生物区系的成员。某些真菌、酵母和利用各种多糖类的细菌常是某些海藻体上的优势菌群。微生物代谢的中间产物如抗生素、维生素、氨基酸或毒素等是促进或限制某些海洋生物生存与生长的因素。某些浮游生物与微生物之间存在着相互依存的营养关系。如细菌为浮游植物提供维生素等营养物质，浮游植物分泌乙醇酸等物质作为某些细菌的能源与碳源。

由于海洋微生物富变异性，故能参与降解各种海洋污染物或毒物，这有助于海水的自净化和保持海洋生态系统的稳定。

[四、海洋线虫]

海洋中自由生活线虫的统称。据记录海洋线虫有 4000 余种，尚待发现的估计更多。属于线形动物门无尾感器纲。分布于从潮间带直到大洋深沟的沉积物中，或附着在海藻和有机质碎屑的表面。它是海洋小型动物中数量最多、分布最广的类群。海洋线虫与寄生线虫和陆生线虫间最主要的区别在于：无尾感器和排泄系统为一单细胞腺体。化学感受器比较发达，位于唇部之后。头部和体部刚毛较常见。一般有尾腺和下皮腺。除少数种类外，一般不具有交合伞。

线鱼

虫体细长，梭形或圆柱形。多数种类体长在 1 毫米以内，有些大型种可达 5 毫米甚至更长。它们以尾腺的分泌物黏附在各类基质上，头端游离取食。更多的种类在砂粒间自由生活。头部顶端有口，围有 6 个唇瓣，每侧 3 个。每个唇瓣内侧有 1 内唇乳突（或刚毛），外侧另有 1 外唇刚毛。唇瓣之后有 4 根头刚毛，分别位于亚腹面和亚背面；6+6+4 为海洋线虫头部刚毛（或乳突）的典型排列式。有些种类的4根刚毛前移，与唇瓣外侧6根刚毛并为一圈，形成6+10的排列式。头刚毛的排列式是种类鉴定的重要依据之一。有些种类头部角皮内层加厚形成头鞘。

化学感受器由角皮凹陷形成，其末端与一化学感受器神经相连。化学感受器有3种基本形状：①袋状，为口袋形，具一裂缝状开口，见于嘴刺目海洋线虫；②螺旋状，其变化很大，从新月形、不完整的环形到由几圈构成的螺旋形，见于色矛目和薄咽目线虫；③圆盘状，见于单宫目线虫。化学感受器的形态结构是较高单元分类的重要依据。

体壁由角皮、皮层和肌肉层组成。角皮由皮层分泌而来。嘴刺目线虫的角皮光滑，而其他目大部分种类角皮上分布着各种刚毛、皮纹、皮点、皮刺或纵嵴。皮层为一原生质层，由合抱体组成。与寄生线虫不同，海洋线虫的上皮层内富含单细胞腺。它们分布在咽壁周围，并常有化学感受器伴随及交接乳突或其他辅助交配器官出现。尾部一般有3个尾腺细胞，在尾顶开口，分泌黏着物且以此黏附在底物上。

口内为口腔。按摄食习性可将口腔分成4种基本类型：①非选择性食底泥者，无口腔或口腔很小；②选择性食底泥者，口腔较发达，但无齿；③食附生生物者，口腔发达，有小齿；④捕食者或杂食性者，口腔发达，齿也发达，并常有大颚。口腔之后为咽管。咽腔为明显的三辐射对称，与口腔、唇和头感器相连接。不少种类咽管的末端为一膨大的管球，个别属种为双管球或多管球。管球后端通过一活瓣与直管状的肠道相连。肠的后端为直肠。雌性直肠末端横裂即为肛门，开口于尾端腹面。雄性直肠末端则膨大形成泄殖腔，输精管开口于它的背壁，腔内有一交接器袋，内含一对交接刺。

排泄系统退化为单一的大型细胞，位于咽管后端或肠道前端腹侧，通过一细长管道开口于咽管中部腹中线的排泄孔。

海洋线虫一般为雌、雄异体。雄虫略小，尾部向腹面弯曲。有些种类雌、雄异形，除大小有所不同外，雄虫的化学感受器显著变大，此外头刚毛的长度和分布、口腔的发育程度等均有显著差别。雌性生殖系统包括卵巢、输卵管、子宫、阴道和雌孔。子宫的前端一般起着受精囊的功能，储存精子并在此发生受精。雌性生殖系统一般成对，直伸或反折。单宫目线虫只有单个卵巢和子宫。钩线虫科雌性具有德曼系统，它为一特殊腺体，分泌黏液，有助交配。雄性生殖系统包括精巢、输精管、贮精囊、射精管和交接器。精巢通常为 2 个，呈平行或相对排列。交接器成对，有些种类还具有引带和交接附器。生殖时有交配现象。雄体向雌体运动，以身体后端缠绕雌体的雌孔部位，用交接器撑开雌孔，将精子送入受精囊。当成熟的卵细胞向子宫末端游动时即发生受精。与寄生性线虫不同，海洋线虫产卵数很少，一般不超过 50 个。根据对拟巨咽色矛线虫的室内观察，交配后 24 ～ 48 小时即开始产卵，产卵持续 4 ～ 5 天，平均产卵数 9 ～ 11 个。产卵后第 4 天开始孵化。孵化 2 天后开始第一次蜕皮，共蜕皮 4 次。最后一次蜕皮，雌体和雄体分别为第 9 天和第 11 天。雌、雄体分别在孵化后第 13 天和第 16 天达到性成熟，并分别在第 16 天和第 18 天达到最大体长 780 ～ 820 微米和 700 ～ 750 微米。该种线虫的平均世代时间为 22 天，寿命为 35 ～ 54 天。不同种类的线虫栖息在不同的环境中，每年的世代数目差别很大。15 种海洋线虫在室内培养条件下每年约为 5 ～ 17 代。

海洋线虫为底栖动物，生活在富含有机质的任何底质中。按区系性质和群落特点，海洋线虫大致可分为河口、半咸水、潮间带、浅海和深海 4 个群落。栖息密度为后生动物之冠。如英国林赫河口的海洋线虫，每平方米达 2300 万条。中国青岛栈桥东侧海滩每平方米 500 万条。黄河口水下三角洲及其临近的莱州湾和渤海中部，线虫的密度为每平方米 70 万～ 90 万条。

海洋线虫主要以底栖硅藻和沉积物颗粒表面的细菌、真菌及其他有机碎屑为食。有些肉食性（杂食性）种类捕食其他小型后生动物，也包括线虫。多数海洋线虫生活在沉积物的砂粒间隙，靠体壁纵肌纤维的收缩产生波动作蛇状滑动。有的种类依靠角皮表面的附属物黏附于底物作爬行运动。海洋线虫是小型底栖动物中最重要的类群，数量约占 60%～ 90%，在底栖食物链和生态系的能量流动中占着重要地位。海洋线虫寿命短，高度多样性，且不同的种和属对环境的压力有不同的生态生理反应，因此可作为一种有效的手段来监测污染的生物学效应，日益受到生态学家和环境生物学家的重视。

海洋线虫是线形动物门中最原始的成员。身体前端的辐射对称，角皮表面的刚毛、刺和棘等的特化，角皮表面的分节和蜕皮，上皮索的形成，生殖腺和神经环的结构，清楚地表明，它与腹毛动物、动吻动物、曳鳃动物和线形动物之间的关系。其中与动吻动物和曳鳃动物的关系似乎更近。海洋线虫现有薄咽目、项链目、单宫目、链环目、色矛目和嘴刺目 6 个目 。色矛目具有螺旋形的化学感受器，被认为是现存生活类群中最原始的一类，由此演化出具袋状化学感受器的嘴刺目。矛线目和其他寄生线虫就是由嘴刺目的一个分支后代向着寄生特化，致使化学感受器进一步退化而形成的。海洋线虫的其他几个目，均由色矛目演化而来。陆生和淡水线虫是由海洋线虫的祖先分化出来向着陆地过渡演化的另一个分支。

[五、海洋天然产物]

海洋生物的代谢物。其中的蛋白质、核酸、多糖等大分子物质，有专门的研究，不在此列。这里主要指分子量较低、结构特殊的次级代谢物。它们具有各种生物活性，如有的是在生物体内能调节个体各细胞间的功能的激素；有的是在生物同种或异种内通过海水介质而相互作用的化学传讯物质，即信息素。信息素能够诱导交配、逃避、洄游、识别、告警等各种行为。对释放信息素的生物有利的，称为利己信息素；对接受信息素一方有益的，称为利他信息素。有的代谢物为含卤化合物和含氮化合物，它们往往有毒，为化学防御信息素，并有抗菌、杀虫、降血脂、抗肿瘤、抗癌等药效。这些天然产物，也是构成海水溶解有机物的组成部分。

古代曾利用某些海洋生物的毒性和驱蛔虫药效以治病，但真正对海洋天然产物的化学研究，是从 20 世纪 30 年代对海洋无脊椎动物沙蚕毒素的研究开始的。

50年代对海藻的海人草酸的研究、60年代对河豚毒素的化学研究等，都是早期有代表性的工作。70年代以来，人们为了探索海洋新药物，加上有机化学的分离和分析技术的发展，加速了对海洋天然产物的研究。

类型 已分离出的海洋天然产物，按不同的化学结构，可归纳为萜类化合物、甾体化合物、芳香族化合物、非异戊二烯化合物、含氮化合物等。

萜类化合物 以异戊二烯单元头尾连接起来的化合物。有单萜（C_{10}）、倍半萜（C_{15}）、二萜（C_{20}）、三萜（C_{30}）等，多数萜含有卤素。属于有化学防御传讯作用的信息素或抗生素等。如红藻凹顶藻，是含萜类化合物种类最多的海洋生物；从软珊瑚分离出的二萜具有抗癌活性。

甾体化合物 从鱼类、海绵、甲壳动物、棘皮动物和海藻等海洋生物中，已分离出100多种3-羟基甾体化合物。一种生物往往可含数种甾醇。这类物质属

于信息素或具有药效。例如：雌蟹在蜕皮前放出的蜕皮激素，是一种甾醇，能引诱雄蟹在旁边保护自己蜕皮，蜕皮之后进行交尾；海星所含的皂角苷，是含硫酸基和糖的甾酮，有细胞毒性、溶血性和抗病毒等药物活性。

非异戊二烯化合物　多数是在脂肪酸的生物合成或代谢过程中生成的非异戊二烯结构的一类化合物，其中有的为含炔化合物、脂肪类化合物、含硫化合物等。从官能团、分子骨架上看，它们都与陆地生物来源的该类化合物截然不同。从网翼藻、水云等的雌配子体释放出的信息素，能吸引雄性配子体进行交配。凹顶藻所含的脱溴海兔素和柳珊瑚所含的前列腺素都具有显著的药物活性。

芳香族化合物　从海绵、海藻（特别是凹顶藻、松节藻、多管藻等红藻）等海洋生物中，可分离出多种溴代酚化合物。如从松节藻科海藻、海绵、蠕虫等分离出的三溴代酚、二联酚醚、三联酚醚等，从海绵中分离出的溴代吡咯化合物等。它们都具有不同程度的抗菌活性，可作为药物。

含氮化合物　海洋生物的次级代谢物中，有许多含氮化合物，其中有结构较简单的特殊的氨基酸。例如，从红藻分离出的海人草酸，是有效的驱蛔虫剂；从海带分离出的海带氨酸，具有降血脂和降血压的药效。还有许多海洋动物所含的结构较复杂的有毒的含氮化合物，是该生物的防御信息素。如从河豚分离出的河豚毒素，常用其研究神经系统的兴奋现象，并用它作为癌症后期缓解疼痛的药物。从沙蚕分离出的沙蚕毒素，含氮和硫，对鱼有毒，具有杀虫性能，已根据其化学结构合成出有效的稻田杀虫剂。石房蛤以膝沟藻为饵，结果从这两者都分离出石房蛤毒素，其毒性与河豚毒素相似。从日本骏河湾的日本东方螺中分离出的骏河毒素，是一种防御传讯物质。

研究意义　海洋生物代谢物的化学结构的多样性和特异性，是陆地生物所不能比拟的。通过对海洋生物代谢物的结构及生物的生理行为的研究，可进一步了解海洋生物在同种之间和异种之间赖以相互依存和相互联系的化学物质基础。从这些特殊的化合物在各种生物中的分布状况，可探求生物演化的化学特征，并可作为生物化学分类的依据。为开发利用海洋的药物资源，沿海国家先后设立专门的研究机构，对海洋生物代谢物进行大量的药物筛选工作，已确定了一些比较有效的抗菌、杀虫、抗肿瘤的化合物，为制备新药物提供了新途径。

[六、海洋哺乳动物]

海洋中胎生哺乳、肺呼吸、恒体温、流线形且前肢特化为鳍状的脊椎动物。又称海兽。都是从陆上返回海洋的，属于次水生生物。属游泳生物。包括鲸目、海牛目、鳍脚目。半水栖，似陆兽；密被短毛；头圆，颈短；四肢呈鳍状，前肢保持平衡，后肢为主要游泳器官；趾间有蹼；鼻和耳孔均有活动瓣膜，潜水时都关闭；口大，周围有大量触毛，有不同型牙齿；听、视、嗅觉都灵敏，具水下声通信和回声定位能力。

海洋哺乳动物同时具有陆生高等哺乳动物及水生动物特征：①体型。纺锤形或流线形。分属半水生生物和全水生生物。前者如海豹和海象，似陆上兽类；后者如鲸类和海牛类，似鱼。②肺呼吸。③体温。依靠皮下厚脂肪层或很好的毛皮保温。④繁殖。多数一年一胎、一胎一仔，有的 3 年一胎。哺乳期半年至一年，初生仔较大，幼兽随母兽时间较长。

海豹

海洋哺乳动物分布在南北两极到接近赤道的世界各海洋中，以北大西洋北部、北太平洋北部、北冰洋和南极的水域为多。经驯养后均可成为观赏动物。脂肪层厚且含脂肪量高，可供食用、提炼多种油脂化学工业用品及做润滑油。内脏可制作肠衣和提取药品。皮可制革。

[七、海洋地质学]

研究地球被海水淹没部分的特征及其演变规律的综合性学科。主要研究海岸与海底地形、海洋沉积、洋底岩石、海底构造、大洋地质历史和海底矿产资源等。海洋地质过程与海洋物理、海洋化学及海洋生物作用有密切的联系。海洋地质学是地质学研究的重要领域，也是海洋科学的基础学科。

海洋覆盖面积约占地球表面积的71%，离开海洋地质，要解决地球起源和演化等重大问题是根本不可能的。海底蕴藏着丰富的矿产资源，是人类未来的重要资源基地。海洋也是现代沉积作用的天然实验室。海洋环境地质和灾害地质的研究直接关系到人类的生产和生活。海港和海底工程及海底资源开发等也都离不开海洋地质研究。因此，无论在理论上或实践中，海洋地质学都有重要意义。

研究简史 1872～1876年英国“挑战者”号环球海洋调查第一次取得深海样品，发现了深海软泥和锰结核。1891年英国的J.默里和比利时的A.F.勒纳尔根据这次调查成果编出第一幅世界大洋沉积分布图及写成《深海沉积》一书，标志着近代海洋地质研究的开始。

20世纪20～30年代，电子回声测深仪用于海底地形调查，发现了纵贯大西洋的洋中脊；潜艇海洋重力测量发现了与海沟有关的重力负异常，对海底构造理论的发展具有深远意义。第二次世界大战期间，由于战争的需要，海底地形测量和海洋地质调查有了新的进展。战后，海底油田的开发促进了海洋地质调查的蓬勃发展，技术方法有了长足的进步。40年代中期，已经积累了大量海洋地质资料。40年代末，美国F.P.谢泼德的《海底地质学》（1948）、苏联M.V.克列诺娃的《海洋地质学》（1948）和荷兰P.H.奎年的《海洋地质学》（1950）相继问世，海洋地质学成为独立学科。

20世纪50～60年代，是大规模的海洋地球物理调查促进海洋地质理论大发展的时期。高分辨率声呐系统的投入使用，为海底地貌调查提供了新手段。重力、磁法和地震等地球物理勘探方法也有重大进展。大规模国际海洋调查计划，如国际地球物理年、国际印度洋考察、国际热带大西洋合作调查、上地幔计划等，提供了大量海洋地质资料，发现了大洋地壳结构与大陆地壳的区别，以及全球规模的大洋中脊体系和条带状磁异常。在此基础上，产生了海底扩张说、转换断层的概念和板块构造说，从根本上动摇了固定论的长期统治，被称为地球科学的一场“革命”。

20世纪60年代后期至今是海洋地质界致力于深海钻探以验证板块构造理论，进而开辟海洋地质研究新领域的时期。在这一时期内，单一国家的和国际合作的大规模海洋考察有了新的发展。通过国际海洋考察十年、地球动力学计划、国际岩石圈计划和深海钻探计划、大洋钻探计划的实施，通过新的观测手段和调查设备的采用，人们对大洋裂谷、洋壳构造、板块俯冲及大陆边缘演化过程有了新的认识，海底矿产资源也进入大规模工业开发的新阶段。

学科内容 海洋地质学的研究内容十分广泛，涉及许多学科领域，具有极大的综合性，而且与技术方法特别是测深技术、地球物理、海洋钻探、海底观测和取样技术的研究有十分密切的联系。

海底地形 研究海底的地貌景观及其空间分布和成因，是海洋地质学的经典内容之一。

海底有 3 个最主要的地形单元，即大陆边缘、大洋盆地和大洋中脊。大陆边缘是大陆和海洋的连接部位，是海陆影响兼而有之的一部分海底；大洋盆地以深海平原和深海丘陵为主体，其上分布着长条状海岭和孤峰状的海山；大洋中脊是地球上最长的山系，多位于大洋中部，是洋壳裂开、深部物质上涌的场所。

海底地形的基本格架受海底扩张和板块构造控制。内力作用对地形尤其是深海地形的发育起决定作用，因此深海底的大地形主要是构造地形和火山地形；外力作用也有影响，但与陆地相比要弱得多。

海底地形的调查主要靠海底测深、侧扫声呐和多波束调查。应用现代高精度的声波测深技术和定位技术，已能查明海底的微地形。海底地形是研究海底构造的钥匙，对航海、军事及海底工程均有重要的现实意义。

海底地形

海底沉积　主要研究海底沉积物的类型、形成作用、时空分布及其与大洋演化历史的关系。海底的大部分都覆盖着沉积物。主要来源有陆源碎屑、海洋生物骨骸及海水本身的化学和生物化学作用，也有来自火山和宇宙的组分。

在海底不同部位，影响沉积作用的主要因素不一。濒临陆地，陆源沉积作用居主导地位，受波浪、潮汐、海流的影响，其分布具有多样性的特点；向深部，总的趋势是粒度变细，来自上覆水层的细粒悬浮物和生物骨骸的垂向沉落即远洋沉积作用居主导地位。但海洋环流和微地貌对沉积物的分布有很大控制作用，浊流和其他偶发事件也有影响。气候和纬度带对海洋沉积作用的影响十分显著。与陆相沉积物相比，海洋沉积物在时间上多具有较强的连续性，因此保存了海洋物理、海洋化学、海洋生物及海洋环流演变的较完整的记录。根据深海钻探岩心所提供的信息，已能描绘中生代以来海洋演化的历史图景及新生代的详细的海洋温度史。

海底沉积物的年代是研究沉积史的基础。常用的测年方法有相对年代学方法和绝对年代学方法，前者有古生物法、古地磁法、稳定同位素地层学法，后者有各种放射性同位素测年法。现在已经建立起海底沉积物的地层系统。研究海底沉积地层的划分、对比，是大洋地层学的任务。

海底构造　研究海洋的地质结构、海底主要构造单元及其相互关系，以及海底岩石圈的演化历史。洋底地壳具三层结构，自上而下为沉积层、玄武质熔岩和岩墙、辉长岩等。洋壳厚约 5 ～ 10 千米，比陆壳薄得多，也年轻得多，但在空间上也有很大变化。在大洋中脊轴部，厚仅 2 ～ 6 千米，玄武岩常直接出露海底；在无震海岭或海底高地，地壳厚度显著增大，常可达 20 千米以上。有的海台还残存有花岗岩质陆壳。

海底主要构造单元包括大洋板块和板块边缘。大洋盆地是大洋板块的主体，那里的地层平整，除断裂构造外，一般没有褶皱。板块边缘有三种类型，即以板块俯冲消亡为特点的汇聚边缘，以海底扩张、洋壳增生为特点的分离边缘，以水平错动为特点的转换边缘。

洋底构造的研究对解决地壳起源、演化等地质学根本问题关系极大，与海底成矿作用也有密切关系。海底扩张和板块构造模式为解释大洋构造的演化历史奠定了基础。但还有许多问题尚待进一步探索。

洋底岩石　研究洋底岩石的组成、产状、分布和成因，是深海钻探技术发展起来后蓬勃兴起的一个研究领域。与陆壳岩石相比，洋底岩石有两个显著特点：一是年轻，至今尚未发现年龄大于 1.7 亿年的洋壳岩石；二是其化学成分高铁镁而低硅碱，与陆壳岩石高硅碱而低铁镁恰好相反。

大西洋中脊新生火山熔岩流倾入海

尽管在洋底也发现了变质岩和中、酸性火成岩，但数量上均不能与玄武岩相比。洋底玄武岩有不同类型。大洋中脊玄武岩分布最广，以大离子亲石元素和轻稀土元素含量低为特征。板块内部火山活动形成的玄武岩构成海山，成分上以富轻稀土和大离子亲石元素为特征。

洋壳岩石主要是地幔岩浆活动的产物，也是许多海底矿产的物源，与成矿的关系十分密切。它们在时间空间上的变化，记录了洋壳形成和演化的历史，是当前深海钻探中引人注目的一个研究领域。

海底矿产资源　研究各种海底矿产资源的形成、分布规律及其经济意义。海底矿产资源的重要性正与日俱增。在滨岸带，由陆源有用矿物富集形成的砂矿床，已被广泛利用。在近岸浅水区，砂砾石作为建筑材料，也已大量开发。在大陆架，丰富的油气资源已进入大规模工业开发阶段，产量已达全球石油总产量的1/4；大陆坡和大陆隆是潜在的油气资源基地。深海锰结核储量很大，富含锰、铁、铜、镍、钴、铅等多种有用元素，在诸大洋均有分布，尤以太平洋为最多。多金属泥及块状硫化物矿床的研究正在深入。其他如磷酸盐、海绿石等也有经济价值。

对海底矿产资源的研究，主要侧重在分布规律和工业评价，但成因研究已日益受到重视。随着技术的进步和陆上资源储藏量的减少，海底矿产资源在人类资源结构中的比例将与日俱增。

展望　今后的海洋地质学，将从深度和广度两方面，加强基础理论和资源开发的研究。对洋壳结构尤其是深部结构，洋壳生长、扩张和俯冲消亡机制以及地球动力学的研究，将使沉积动力学和古海洋学得到进一步的发展，以最终解决海洋的起源与演化问题。

海底资源的调查和开发试验将加紧进行。海底石油在人类能源结构中的比重将继续增加。一个综合开发海底资源的时代已为期不远，成矿作用的研究将出现一个勃兴的局面。大规模的国际合作将进一步促进海洋地质学的高速发展。在解决上述问题的过程中，技术方法的改进将是优先考虑的一个条件。

[八、海底矿产资源]

海底的各类矿产，包括海滨砂矿在内，统属海底矿产资源。海底矿产资源丰富，从海岸到大洋均有分布。海滨砂矿床很早已被人类开采利用。浅海的石油勘探已遍及世界各个海域，现已扩展到半深海区域。目前海上产油量约占世界总产量的1/4，所占比重今后还会增长。深海锰结核和海底热液矿床等储量巨大，含金属品位高，随着开采技术日趋成熟，将进入开发深海底矿产资源的新阶段。

根据矿床的成因、赋存状况等，海底矿产资源可分为三种类型。

砂矿　砂矿主要来源于陆上的岩矿碎屑，经过水的搬运和分选，最后在有利于富集的地段形成矿床。在某些地区，冰川和风的搬运也起一定作用。河流不但能把大量陆源碎屑输送入海，而且在河床内就有着良好的分选作用。现在陆架上被海水淹没的古河床，便是寻找砂矿的理想场所。海滩上的水动力作用对碎屑物质的分选作用亦强，经波浪、潮汐和沿岸流的反复冲洗，可使比重大的矿物在特定的地貌部位富集起来。冰期低海面时形成的海滨砂矿，已淹没于浅海之下。砂矿中的重矿物一般是来自陆上的火山岩、侵入岩和变质岩。这类基岩在陆地上的展布状况，对寻找海滨砂矿矿床具有一定的指导意义。

海滨砂矿分布广，在许多国家的沿海和陆架区都有广泛的分布，但巨大矿床不多见。由于砂矿的开采和分选易于进行，有很多国家都在开采，有的开采量很大，如世界上96%的锆石和90%的金红石就产自海滨砂矿。

常见的主要砂矿有金、铂、锡、钍、钛、锆、金刚石等。中国海滨砂矿丰富，辽东半岛、山东半岛、广东和台湾沿岸均有分布，且多属复矿型砂矿，主要有金、钛铁矿、磁铁矿、锆石、独居石和金红石等。

①砂金矿。主要产于美国的阿拉斯加、新西兰和俄罗斯西伯利亚东部海滨等处。美国阿拉斯加的诺姆砂金矿开采半个多世纪以来，获砂金400吨左右，产值超过1亿美元。

②砂铂矿。产于美国的俄勒冈州和阿拉斯加州、澳大利亚以及塞拉利昂。俄勒冈州西南部海滩上的铂、金矿，早在19世纪中叶就享有盛名。阿拉斯加州布里斯托尔湾的砂铂矿延伸入白令海中。

金刚石

③金刚石砂矿。非洲南部大西洋沿岸纳米比亚、南非和安哥拉境内有世界上最大的金刚石砂矿。水上开采始于1961年，产量不多，但质量很高。

④砂锡矿。滨海砂锡矿在东南亚地区分布甚广，从缅甸经泰国和马来西亚到印度尼西亚被称为亚洲锡矿带。最有工业价值的是水下古河谷和平缓的分水岭砂矿。这些砂矿，广泛分布在勿里洞岛、邦加岛等岛附近，由陆向海延伸达15千米，水深可达35米。印度尼西亚和泰国已对水下砂矿进行大量开采，开采水深已超过40米。

⑤砂铁矿。日本、菲律宾、印度尼西亚、澳大利亚、新西兰等国均有开采，一般为磁铁矿。日本有明湾大型砂铁矿的主要有用组分为钛磁铁矿，其中含铁56%、钛氧化物12%、钒0.2%，为日本铁矿的重要来源。

⑥复矿型砂矿。在很多砂矿中，不是含一种而是含多种有用矿物，如钛铁矿、锆石、金红石和独居石等经常共生，构成复矿型砂矿床。这种矿床在世界许多国家中都有发现，以澳大利亚、印度、斯里兰卡、巴西和美国所产者经济意义最大。澳大利亚东部、西部和北部一系列地区分布着富含锆石、金红石、钛铁矿和独居石的巨型海滨砂矿，其中提取的金红石砂矿占世界总产量的90%。印度西海岸南部的特拉凡哥尔砂矿，从科摩林角到科钦延伸达250千米以上，为世界上最大的黑砂矿床之一，以产铬铁矿和独居石为主。斯里兰卡海滨沉积物中富含钛铁矿、锆石、独居石和石榴子石。到20世纪70年代初期，斯里兰卡已成为世界上最大的钛和锆原料输出国之一。

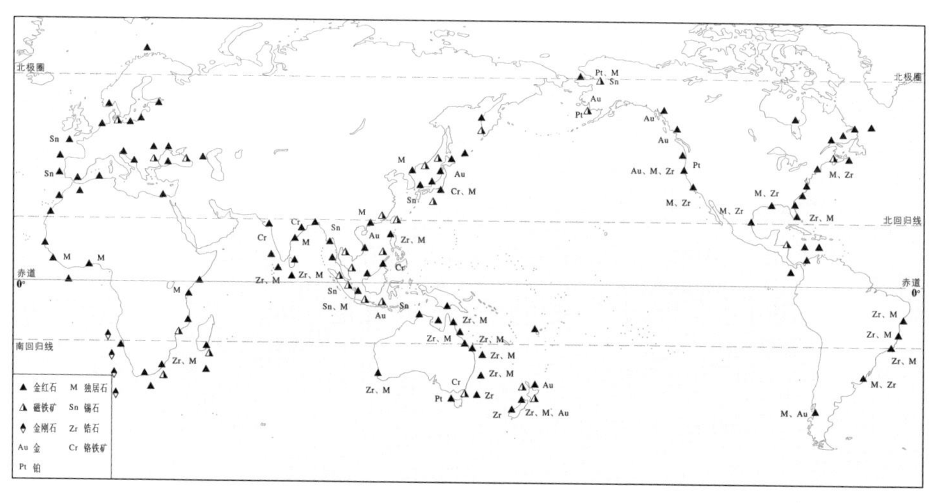

世界沿海砂矿床分布略图

⑦贝壳砂。由贝壳破碎、冲刷、磨蚀并富集而成，可作为水泥原料。美国在路易斯安那州岸外及墨西哥湾沿岸等地区进行开采，1969 年路易斯安那州的产量已超过 900 万吨。冰岛在法赫萨湾内采贝壳砂的水深达 40 米。

⑧砂砾矿。作为建筑材料，陆架区的砂砾矿也在加速开采，从 1960～1970 年，美国从陆架区开采的砂砾矿增加了 1 倍，每年开采量近 4000 万立方米。将来靠近海区的陆上砂砾矿采尽或被建筑物覆盖后，海底砂砾矿的价值还会增长。

海底自生矿产　这类矿产资源不是来自陆源碎屑，而是由化学作用、生物作用和热液作用等在海洋内生成的自然矿物，或直接形成，或经过富集后形成。

①磷灰石矿。是浅水和中等水深海底较常见的一种矿物资源，大都分布于低纬度缺少碎屑沉积物的陆架外缘附近，尤其是富含营养盐的上升流区。磷酸盐通过生物作用和化学作用发生沉淀，再经过改造和富集等复杂过程才能成为有经济价值的矿床。磷灰石主要呈结核状，还有板状、块状等。结核的大小不一，通常为几厘米，大者可达 80 厘米，这种结核中常含有长石、石英等矿物碎屑和生物碎片；小的如砂粒状，质较纯，呈淡褐色，组分以胶磷石和细晶磷灰石为主。可做磷肥。

②海绿石。是一种浅海区常见的绿色硅酸盐，化学组分上属结晶很差的云母，富含钾（7%～8%）和铁（20%～25%）。有的呈小丸状，这些小丸的外形通

常像有孔虫等生物的残骸或粪粒，可见其生成与腐烂的有机物质有关。其颜色随含钾量的增高而加深，粒径一般小于1毫米，集合体和杂质较多的颗粒可达几毫米。可作为钾肥的来源。

③重晶石。在大陆边缘、赤道附近生物软泥分布区以及有热液活动的洋底常可见及。20世纪70年代末还在美国圣迭戈岸外圣克利门蒂断裂带水深1800米处发现一个大型热水重晶石矿，沿断层崖的下部，重晶石板状小晶体呈网状堆成10米高的矿柱。在阿拉斯加岸外也有具经济价值的重晶石呈结核和小晶体状产出。美国约以每天1000吨的产量进行开采。

④海底锰结核。是迄今已知的世界上储量最大的深海底矿产资源。主要含锰、铁、镍、铜、钴等，已被确认为“人类的共同财富”。对其成因的研究也具有极大的科学意义。

⑤海底多金属热液矿。最早发现于红海，后来又在各大洋的中脊处相继有所发现。由于大洋中脊有的地方热液仍在活动，所以那里的热液矿物仍在继续生成。红海内的多金属软泥早已肯定具有开采价值，东太平洋海隆上发现的块状硫化物矿床更引人瞩目。由于这类矿床锌和铜的含量特高，有人认为其经济价值甚至在深海锰结核之上。

海底岩层中的矿产　这类矿产资源有许多是陆上矿床向海底下的延伸。

①石油。为最重要的海底矿产资源。自中、新生代特别是新生代以来，陆架和陆坡区比之陆地有着优越的沉积环境和良好的保存条件，因而成为生、储油气的理想场所。

②硫矿。常赋存于盐丘顶部。当盐丘穿过上覆沉积物缓缓向上移动时，逐渐接近水层，盐开始溶解，硫酸钙因难溶被保存下来，再经石油和细菌的作用释出钙和氧，就形成了硫。美国路易斯安那州岸外已在开采。

③煤。海底以下可供开采的煤矿赋存量不大，但在一些陆上贫煤的国家和地区具开采价值，如英国、日本以及中国台湾省等。

④可燃冰。海洋中存在的新能源，潜力巨大。

［九、海洋化学］

研究海洋及其相邻环境中发生的一切化学过程的现象和规律的学科。即研究海洋各部分的化学组成、物质分布、化学性质和化学过程，并研究海洋化学资源在开发利用中的化学问题的学科。海洋科学的一个分支。它和海洋生物学、海洋地质学和海洋物理学等有密切的关系。

简史 1670年前后，英国R.玻意耳研究了海水的含盐量和海水密度变化的关系，这是海洋化学研究的开始。1819年，A.M.马塞特发现世界大洋海水中主要成分的含量之间有几乎恒定的比例关系。1884年，W.迪特马尔发表了他对英国“挑战者”号调查船在1873～1876年间所采集的77个海水样品进行分析的结果，进一步证实了世界大洋海水中各主要溶解成分的含量之间的恒比关系。1900年前后，丹麦M.H.C.克努森等学者建立了海水氯度、海水盐度和海水密度的测定方法。20世纪30年代，芬兰K.布赫建立了海水中碳酸盐各存在形式的浓度计算方法。英国H.W.哈维系统地研究了海水中氮、磷、硅等元素的无机盐对浮游生物的营养作用，于1955年出版《海水的化学与肥度》一书，它成为当时关于海洋生物生产力的化学方面的重要著作。

1958年E.D.戈德堡应用“稳态原理”研究海水中元素的逗留时间及其在海洋化学上的应用。1959～1962年，瑞典物理化学家L.G.西伦和美国地球化学家R.M.加勒尔斯等人先后运用物理化学原理对海水中各类化学平衡进行了一些定量的研究，使化学海洋学从定性描述阶段逐步过渡到定量理论研究阶段，初步建立了海洋物理化学的理论体系。同时，随着对一些元素的地球化学问题的深入研究，逐渐形成了海洋地球化学，它

采集海水样品

中国青岛盐场

研究海洋中各种元素的化学过程；进一步考虑到海洋生物的作用，发展成海洋生物地球化学。它们都是化学海洋学的重要分支。通过 1971 ～ 1980 年国际海洋考察十年（IDOE）中的地球化学海洋断面研究（GEOSECS），以及国际地圈-生物圈计划（IGBP）中的全球海洋通量联合研究（JGOFS）、海岸带陆海相互作用计划（LOICZ）、全球海洋真光层计划（GEOZS）、热带海洋和全球大气（TOGA）、全球海洋生态动力学研究（GLOBEC）、表面海洋与低层大气研究（SOLAS）以及海洋瞬时示踪剂（TTO）研究等一系列课题的研究，弄清了大洋中许多物质的时空变化，提出了揭示大洋化学特征的全球模式，使化学海洋学得到新的发展，更深入地探索了海洋中的一些规律。20 世纪 40 年代以后，对在海洋化学资源开发利用过程中出现的一系列化学问题进行了广泛的研究，并形成了海洋化学的另一个分支——海洋资源化学。

研究内容 包括化学海洋学和海洋资源化学。

化学海洋学 研究海洋各部分的化学组成、物质分布、化学性质和化学过程的学科。海洋化学的主要组成部分。由于它是从化学物质的分布变化和运移的角度来研究海洋中的化学问题的，故有突出的地区性特点。它既研究海洋中各种宏观化学过程，如不同水团在混合时的化学过程、海洋和大气的物质交换过程、海水和海底之间的化学通量和化学过程等，也研究海洋环境中某一微小区域的化学过程，如表面吸附过程、络合过程、离子对的缔合过程、沉淀溶解过程、氧化还原过程、酸碱作用等。由于海洋是一个综合的自然体系，在海洋的任一个空间单元中，常可能同时发生物理变化、化学变化、生物变化和地质变化，这些变化常常交织在一起，因此化学海洋学往往要同物理海洋学、生物海洋学和地质海洋学相互渗透和相互配合，以便全面地研究海洋学问题及有关的生产问题。

海洋资源化学　主要研究从海洋水体、海洋生物体和海底沉积层中开发利用化学资源的化学问题。对海洋资源的开发，早期是从海水提取无机物，包括制盐、卤水或海水的综合利用（提取芒硝、钾盐、溴、镁盐或其他含量较低的无机物）；近代还研究海水淡化、海水中铀的提取、海洋生物天然产物的分离等。

此外，开发海洋的工程设施，存在一些亟待解决的化学问题，诸如金属在海水中的腐蚀、防止生物对设备或船体的污着等，也是海洋化学研究的内容。

[十、国际海洋考察十年]

海洋勘探与研究长期扩大方案的第一阶段计划。由许多国际海洋科学活动项目组成，从1971年开始，持续到1980年结束。是促进海洋勘探与研究扩大方案在较短时期内取得较大进展的先导计划。1968年美国提出“国际海洋考察十年”的提议，1971年政府间海洋学委员会第七届大会决定实施这一计划，鼓励成员国参加。到1974年，由政府间海洋学委员会组织世界40多个国家分别参加了31项活动中的部分项目。归纳起来，国际海洋考察十年主要是研究全球性的海洋环境和海洋资源，以及两者之间的相互关系。研究规划由4个方面组成。

环境预报　包括天气和气候长期预报与分析。目的在于充分认识大气和海洋的运动过程。着重研究海面及其与低层大气的相互作用，以及能影响这种相互作用的深海动力学过程，进而建立预报模式，提高预报环境变化的能力。共有 16 个项目：①西南大西洋副热带辐合区调查研究。②西太平洋赤道潜流调查研究。③西南太平洋和东印度洋表面流区调查研究。④挪威海和格陵兰海进入大西洋的溢流研究。⑤中大洋动力学实验（MODE）。⑥北太平洋实验（NORPAX）。⑦过去70万年全球气候变化的探讨(CLIMAP)。⑧海-气相互作用联合方案(JASIN)。⑨北海南部水位、流速、污染等资料获取联合方案（JONSDAP）。⑩北海波浪分析联合方案（JONSWAP）。⑪厄尔尼诺现象调查研究。⑫阿拉伯海区季风环流综合调查（MONEX）。⑬加勒比海及邻近海区的物理海洋学研究。⑭与东、中大西洋北部上升流有关的物理过程研究。⑮地球化学海洋断面研究（GEOSECS）。⑯全球大气研究计划大西洋热带实验（GATE）。

海洋环境质量　主要内容包括基线资料的收集，污染物转移和影响的研究，利用地球化学分析对扩散、混合和大尺度海洋环流进行的研究。共有 5 个项目：①基线研究。②控制生态系统污染实验（OEPEX）。③哈利法克斯-百慕大断面沿线污染和生态学研究。④全球基线资料方案。⑤全球海洋环境污染调查研究（GIPME）。

海底的非生物资源　目的在于增进对大陆边缘、大洋中脊、岛弧和深海平原的地质过程的了解。共有 9 个项目：①大西洋两侧陆缘研究。②加勒比海及邻近海区的地质学和地球物理学调查研究。③地中海东部地球化学研究。④板块构造和成矿作用的研究。⑤东亚和东南亚构造发展及其与金属矿和碳氢化合物生成关系的研究。⑥大西洋中脊的研究（FAMOUS）。⑦西南太平洋洋区-岛弧-陆缘结构的区域研究和专题研究。⑧海洋矿物研究。⑨西南太平洋多金属结核矿床、热卤水和含金属软泥的产状、形成方式和环境因素的研究。

海洋生物资源　包括海洋生物与海洋环境之间的关系、资源评价与生态学研究。目的在于充分了解海洋自然生产力、海区之间的差异、光合植物与水产品之间能量转换效率、不同生物的种群动态和最高持续收获量，以及温度、海流、污染物和天气对海洋生物的影响等，以便合理利用和管理海洋生物资源。研究项目有沿岸上升流生态系统分析（CUEA）等。

［十一、海洋物理学］

以物理学的理论、技术和方法，研究海洋中的物理现象及其变化规律，并研究海洋水体与大气圈、岩石圈和生物圈的相互作用的科学。它是海洋科学的一个重要分支，与大气科学、海洋化学、海洋地质学、海洋生物学有密切的关系，在海洋运输、资源开发、环境保护、军事活动、海岸设施和海底工程等方面有重要的应用。

发展简史 海洋物理学作为海洋科学的一个独立分支学科，始于19世纪末叶，但其下属一些分支的发展历史却可追溯到自然地理学和海洋学的萌芽时代。海洋物理学发展史可概括为：①海洋考察。它从实践上为海洋物理学的发展奠定了基础。②早期的理论研究和观测仪器的研制。它为海洋物理学一些分支的发展奠定了基础。③近期的发展。即海洋物理学形成独立的学科体系后的发展。

海洋考察 早在公元前3世纪，希腊学者毕塞亚斯在北海考察中就初步进行了潮汐和地磁偏角的观测。但专门的海洋考察则始自19世纪。其中较著名的有“闪电”号海洋考察（1868）、“豪猪”号海洋考察（1869～1870）等，特别是英国“挑战者”号具有划时代意义的环球海洋考察（1872～1876）。19世纪末至20世纪初，德国“羚羊”号对世界大洋的考察、法国“劳动者”号和“法宝”号对北大西洋的考察、美国“企业”号的环球考察，都涉及海洋物理学的内容。这些考察，从实践上为海洋物理学的早期发展奠定了基础。以后陆续出现许多专门的海洋考察活动，内容更加广泛和深入，如德国“流星”号的南大西洋考察（1925～1927）、美国“卡内基”号的地磁观测（1909～1929）、瑞典“信天翁”号对三大洋赤道无风带的深海考察（1947～1948）等，不断促进海洋物理学的发展。

早期理论研究和观测仪器的研制 从17世纪到19世纪末叶，一些杰出的物理学家和数学家曾对海洋中的某些物理现象进行过研究，为海洋物理学中一些分支的形成和发展奠定了理论基础。

①潮汐理论。1687 年，英国 I. 牛顿根据他发现的万有引力定律，用引潮力解释了潮汐的成因。1740 年，瑞士 D. 伯努利建立了平衡潮学说。1775 年，法国 P.-S. 拉普拉斯建立了潮汐动力学理论，给出了考虑地转偏向力影响的潮汐动力学方程组及在特定条件下的特解。1845 年，英国 G.B. 艾里提出了潮汐的长渠波动理论，并对其进行了较深入的研究。1872 ～ 1879 年，英国开尔文设计了潮汐分析和预报的机械装置。1878 ～ 1891 年，英国 G.H. 达尔文研究了地球潮汐，并提出了海洋潮汐分析和预报的调和分析方法。

②波浪理论。1802 年，捷克 F.J. 格尔斯特纳发表了深水表面波的理论。1839 年，英国 G. 格林建立了小振幅波理论，并导出了以波长表示的相速公式。1847 年，英国 G.G. 斯托克斯建立了有限振幅波理论和小振幅内波理论；1876 年又提出了与波动能量传播有关的群速公式。

③环流定理。1898 年，挪威 V. 皮耶克尼斯推广了理想斜压流体的环流定理，发表了适用于旋转地球上的环流定理。

④海水状态方程。1857 年，英国开尔文首先导出了深海海水的绝热温度梯度公式。

⑤海洋声学研究。1826 年，瑞士 D. 科拉东和法国 C.-F. 斯图姆在日内瓦测量了声在水中的传播速度。1912 年，美国 R.A. 费森登设计并制造了一种新型的动圈换能器，从而制成第一台水下发信和回声探测设备。此后，又开始了声在海洋中的传播规律的研究。

⑥海洋电磁理论。1831 年，英国 M. 法拉第发现了电磁感应现象，并于 1832 年指出：在地磁场中流动的海水，就像在磁场中运动的金属导体一样，也会产生感应电动势。1851 年，英国 C. 渥拉斯顿在横过英吉利海峡的海底电缆上检测到与潮汐周期相同的电位变化，证实了法拉第的预言。

近期发展　19 世纪末叶到 20 世纪初，随着海洋调查的进一步发展，海洋物理学的研究进入一个新的发展阶段。这一阶段的主要标志是：应用流体动力学的方法来研究海洋环流。例如，1902 年，挪威 J.W. 桑德斯特勒姆和 B. 海兰-汉森基于旋转地球上的环流定理，发展了在现代海洋环流研究和海洋调查中广泛应用的“动力计算”方法。1901 年和 1905 年，瑞典 V.W. 埃克曼对美国 M.F. 莫里在 1855 年指出的海面风和表层海流之间的关系作出了理论解释，从而建立了风漂流理论。自此以后，海洋物理学的研究即以海洋环流理论研究为重点，密切结合水文物理和化学要素的观测实验，不断地向前发展。20 世纪 60 年代以来，随着科学技术的迅速发展，海洋物理要素的调查监测技术和研究设备日益完善，各种海洋过程的理论模式和海洋信息处理系统相继建立，以浮标阵为主体的海上现场观测试验及包括航天遥感技术在内的新技术得到广泛应用，都有力地促进了现代海洋物理学的研究和发展。

研究内容 海洋物理学的主要研究内容是：①研究海水各类运动和海洋与大气及岩圈的相互作用的规律，为海况和天气的监测及预报提供依据；②研究海洋中的声、光、电现象和过程，以掌握其变化和机制；③进行为上述两项研究所必需的海洋观测，并研究海洋探测的各种物理学方法，从而实现有计划地在海上进行现场的专题观测和实验。通过这三方面的研究，形成了海洋物理学中一系列的分支学科，其中主要的有物理海洋学、海洋气象学、海洋声学、海洋光学、海洋电磁学和河口海岸带动力学等。

物理海洋学 现代海洋物理学中最早发展起来的一个分支学科。以 1942 年 H.U. 斯韦尔德鲁普等的巨著《海洋》问世至 1971 年《物理海洋学》的创刊为标志。其研究内容最为广泛，因此在许多海洋文献中往往将“物理海洋学”一词作为“海洋物理学”的同义语使用。物理海洋学主要研究发生在海洋中的流体动力学和热力学过程，其中包括海洋中的热量平衡和水量平衡，海水的温度、盐度和密度等海洋水文状态参数的分布和变化，海洋中各种类型和各种时空尺度的海水运动（如海流、海浪、潮汐、内波、风暴潮、海水层结的细微结构和湍流等）及其相互作用的规律等。

海洋气象学　物理海洋学和气象学密切结合的一个边缘学科。它主要研究发生在海洋和大气边界层中的热量、动量和物质交换过程，海洋与大气的大、中尺度相互作用和中、长期的海况及气候变迁规律，海上天气过程和现象，特别是危险性天气过程（如海雾、温带气旋、热带风暴等）的预报。

海洋声学　研究声波在海洋水层、沉积层和海底岩层中的传播规律及在海洋探测和海洋开发中应用的学科。其主要研究内容包括海洋中声的传播和声速分布、声吸收和声散射、海洋中的自然噪声、海洋水层中的声学探测、海底声学特性和海底声学勘探等。

海洋光学　在基础研究方面主要是海洋辐射传递过程的研究，以及海面光辐射、水中能见度（水中图像传输）、海水光学传递函数、激光与海水相互作用等研究；在应用研究方面主要是遥感、激光、水中照相工程等海洋探测方法和技术的研究。

海洋电磁学　主要研究海洋的电磁特性，海洋中的天然电磁场和电磁波的运动形态及传播规律，电磁波在海洋探测和通信及海洋开发中的应用。

河口海岸带动力学　主要研究河口地带和海岸地带中海水的各种运动规律，河口海岸带地形地貌的变化及产生这些变化的动力因素。这些研究对海岸防护、港口建筑等都有密切的关系。

当前研究课题　随着现代海洋资源开发和近岸海区海洋学研究的进一步发展，在海洋物理学的研究领域中，正在形成一些带有区域性的派生学科，如陆架物理海洋学等。海洋物理学的研究内容十分广泛，而当前的研究课题可以大致归纳为如下几个方面：

①研究各种时空尺度的海水运动及其相互关系，特别是大、中尺度的海洋-大气相互作用及其时空变异，从而建立相应的热力学-流体力学模型，以提高气象预报与海况预报的准确率。

②研究各种海洋物理要素场的形成机制及其频率-波数谱的结构，特别是海洋中的中尺度涡、内波、海水层结的细微结构和海洋湍流等。

③研究全球大洋和各分区的水团和环流结构。

④研究全球大洋各分区，特别是近岸海区和陆架区的水文物理特征。

⑤研究声波、光辐射、无线电波、电磁场在海洋中的传播规律和声、光、电技术探测海洋（包括通信）的方法和技术。

⑥研究与海洋资源开发、环境保护、航海、渔业和海洋工程等有直接关系的海洋物理学问题，为人类的海上生产实践服务。

展望 为了开发海洋和利用海洋，使海洋更好地为人类服务，在海洋物理学的发展方面，下面几点将是人们努力的主要方向：

①观测技术和观测方法的改进。海洋物理学的发展，在很大程度上取决于观测技术和观测方法。现代海洋物理学的观测技术，将朝着自动化、遥感化的方向发展。人们将广泛利用人造卫星进行全球性海洋物理方面的观测，并建立国际间的计算机网络，以储存、交换和处理海洋观测数据。这些将促进海洋物理学的进一步发展。

②进一步研究海洋中物理现象的规律。海洋中发生的许多物理现象和过程，有一些已得到初步的研究。因为这些现象与人类生活环境密切相关，所以有必要进一步去探索其规律。例如，深入了解大尺度海-气相互作用，将使人们能较准确地进行气候预报，甚至可能控制局部地区的气候。

③进一步为海洋资源开发服务。海洋开发将是未来海洋科学的发展方向。在海洋农牧化、捕捞、海洋石油勘探、海洋能源利用等开发活动中，将不断对海洋物理学提出更高的要求。海洋物理学今后的发展，也将在很大程度上取决于海洋开发的需要。

[十二、海洋药物]

具有药用价值的来源于海洋和海洋生物的物质。主要指分子量较低、结构特殊、具有各种生物活性的海洋生物的初级或次级代谢物。

研究简史　1945 年开始关注海洋生产药物的潜能。20 世纪 50 年代，开始由海洋生物体中分离出一些结构新型的具有特异生物活性的化合物。60 年代中期，美国 B.W. 霍尔斯特德总结整理了海洋有毒生物的资料，出版了《世界海洋有毒和有毒腺的动物》。1967 年在美国召开的首次海洋药物国际学术会议，标志着海洋药物研究国际范围大合作的开始。以后，海洋药物的研究引起全世界各国的重视，特别是美国、苏联、日本、澳大利亚、意大利、德国、加拿大等，对海洋藻类、微生物、海绵、棘皮动物、刺胞动物、软体动物等海洋生物进行了广泛的研究，从中分离和鉴定出了数千种海洋天然活性物质，它们的特异化学结构成为研制开发新药的基础。80 年代后，各种精密仪器的应用，使复杂的海洋生物微量活性成分得以快速的分离和鉴定。新的生物技术如基因工程、细胞工程和酶工程的研究与应用，进一步促进了海洋药物的研究与开发，使这一领域成为世界的热点和焦点。

中国是世界上最早研究和应用海洋药物的国家之一，已有两千多年的历史。在中国最早的医学文献《黄帝内经》中，就有以乌贼骨作丸、饮以鲍鱼汁治疗血枯的记载。《神农本草经》、《本草纲目》、《本草纲目拾遗》等收载的来源于海洋生物的中药已达百余种。对海洋药物的现代研究从 20 世纪 60 ～ 70 年代开始，近几年发展很快，主要成果是：出版了《中国药用海洋生物》、《中国有毒鱼类和药用鱼类》、《南海海洋药用生物》、《中国海洋药物词典》等著作，并从 1982 年开始定期出版《中国海洋药物》期刊；成功地提取了河豚毒素，并研制出解河豚毒素的药物；从多种软珊瑚中分离到十三元环二萜内酯、去甲大环二萜内酯和一种新的 C_{30} -甾醇等生物活性物质；由刺参的体壁和内脏中获得具有显著的抗凝和抗肿瘤活性的胶性黏多糖；发现鱼肝油酸钠有促血小板聚集和止血的功能；聚甘古酯是中国拥有知识产权的抗艾滋病新药等。

海产生物毒素　海洋中一类高活性特殊代谢成分。资源非常丰富，现已查明的有 1000 多种，其中已确定结构的有几十种。已阐明河豚毒素（TTX）、石房蛤

海胆

毒素（STX）、岩沙海葵毒素（PTX）和5种海葵多肽毒素的化学结构。河豚毒素和石房蛤毒素，是一类含氮化合物，是肌肉神经的阻滞剂，能阻抑钠离子传导，其药理作用类似局麻药，但强度要比常用的局麻药高出千倍左右。岩沙海葵毒素和另一种西加毒素（CTX），是一类聚醚类化合物，是很强的细胞毒素，对传种艾氏腹水癌的实验小鼠有完全的治疗作用，是非蛋白毒素中毒性最强的毒素之一，也是已知的最强的血管收缩剂之一。从双叉藻属分离出的双叉藻酮，具有强细胞毒活性。5种海葵多肽毒素对心脏神经等均有作用。另外，沙蚕毒素有杀虫作用，导致杀虫药巴丹问世。骏河毒素和新骏河毒素含有氮苷，具有很强的抗胆碱活性等。芋螺毒素是从芋螺中得到的一类具有神经毒性的活性肽，临床上用作特异诊断试剂，作为镇痛药具有疗效确切、不成瘾的特点。海产生物毒素还有海参毒素、青环海蛇毒素、头足毒素、海胆毒素等。

抗肿瘤物质　已知结构的抗肿瘤活性物质主要来源于藻类、海绵及珊瑚等海洋生物，覆盖包括生物碱类、萜类、大环内酯类、酰胺类、肽类、聚醚、核苷等多种类型的化合物。

W. 伯格曼从加勒比海隐南瓜海绵中分离到核苷海绵胸苷和海绵尿苷，从而合成了一系列阿拉伯糖核苷。其中阿糖胞苷已作为抗代谢药用于治疗白血病等肿瘤疾患。

主要存在于珊瑚纲的软珊瑚类和柳珊瑚类中的十四元单环二萜化合物 cembranolida，从一种褐藻中分离出的二萜双环醚化合物褐舌藻醇，从软体动物中分离出的二环二萜 dalatriol 和它的 6－乙酸酯，以及从海兔中分离出的含溴三环倍半萜内酯等，均有明显的细胞毒作用。

除萜类化合物之外，还从另一种褐藻中分离出邻醌化合物环氧羟基三甲基环断胆甾二烯二酮。它能与微管蛋白反应，从而抑制微管组合。从海绵中分离出的两种有细胞毒作用的新颖聚醚类化合物，对 P_{388} 和 L_{1210} 细胞有明显的抑制作用。从海参纲动物中分离出的皂苷、从软体动物中分离出的多肽或蛋白质化合物（“蛤素”、“鲍灵Ⅲ”等）具有很强的抗肿瘤、抗白血病作用。

从一种 *Tridinemnum* 海鞘中分离出来的环状缩肽，如脱氢膜海鞘素 B，具有强的抗肿瘤活性，是当前进行深入研究的热点化合物之一。

从总合草苔虫中分离的苔藓虫素，是一种大环内酯类化合物，它除了能直接杀灭癌细胞外，还能促进造血功能，对白血病、乳腺癌、皮肤癌、肺癌、结肠癌、宫颈癌、卵巢癌及淋巴癌皆有明显的疗效。

分离自加勒比海鞘的海鞘素 743，是一种四氢异喹啉生物碱，具有强的细胞毒性和抗肿瘤活性，是 DNA 合成的抑制剂，可用于治疗肺癌和皮肤癌，并可用于综合治疗乳腺癌和淋巴系统肿瘤。

从耳状截尾海兔中分离的化合物耳状截尾海兔毒素及它的同系物 LU-103793，是一种多肽类化合物，具有抑制 L_{1210} 小鼠白血病细胞生长、抑制肿瘤细胞微管聚合的作用，是一类新型强效的微管蛋白结合化合物，它可作为抗胰腺癌、前列腺癌、肺癌、皮肤癌、结肠癌、肝癌、乳腺癌和淋巴系统肿瘤的用药。

抗真菌、抗细菌和抗病毒物质　第一个抗病毒海洋药物为 Ara-A（腺苷钴胺），于 1955 年被 FDA 批准用于治疗人眼疱疹感染。抗病毒活性物质主要存在于海绵、珊瑚、海鞘、海藻等海洋生物中，活性成分主要有萜类、核苷类、生物碱、甾体类和其他含氮多糖杂环类化合物。从贪婪倔海绵中分离出的倍半萜氢酯化合物阿伐醇和其氧化产物阿伐酮是一类新型倍半萜氢醌化合物，通过抑制逆转录酶（RT）作用来抑制HIV在H9细胞中的复制，并可抑制HIVgag基因产物P_{17}、P_{34}的表达，而对正常细胞无细胞毒活性。toximsol是从红海海绵*Toxiclona toxius*中分离的化合物，已证明它对多种病毒逆转录酶有抑制作用，还影响DNA聚合酶的活性；peyssonols A, B是海藻*Peyssondia* sp.的代谢产物，具有抑制HIV1，2型逆转录酶的作用，对DNA聚合酶也有一定抑制作用，而不影响DNAα，β聚合酶，表明不干扰机体正常细胞的代谢，有望成为新的抗HIV药物。kelletinin A是从海洋腹足动物*Buccinum corneum*中分离的产物，对人T细胞白血病病毒I型有抑制作用，能抑制细胞DNA（脱氧核糖核酸）和RNA（核糖核酸）的合成，降低病毒转录水平，但不影响蛋白合成。对大量的海洋动物的提取物进行抗细菌和抗病毒试验，结果表明鲍鱼、牡蛎及硬壳蛤中的大分子化合物在体内、体外均显示出抗细菌和抗病毒活性。

头孢菌素是从海洋泥污中分离出来的真菌顶头孢的代谢产物。它的抑菌作用并不强，但可以分解为7－氨基头孢霉烷酸，从而制取一系列半合成的头孢菌素类抗生素。这类抗生素已在临床上广泛应用。从日本相模湾浅海泥中分离得的灰色链霉菌SS-20，对革兰氏阳性菌有抑制作用。从相模湾廷京岛周围的浅海污泥中分离到一种放线菌新种*Streptomyces tenjimariensis*，它能产生两种新的氨基糖苷抗生素——天神霉素A、B。它们对革兰氏阳性和阴性菌，包括对原有氨基糖苷抗生素耐受的细菌均有较强抑制作用。从海绵*Siphonodictyon coralliphagum*中分离出的两种取代芳香醛的化合物Siphonodictyal-A、B，能抑制金黄色葡萄球菌和枯草杆菌的生长。从另一种海绵的乙醇提取液中分离出的renierone是1－（7－甲氧基－6－甲基－5, 8－二氧代异喹啉基）－甲醇当归酸酯，对金黄色葡萄球菌、枯草杆菌和白色念珠菌均有强抑制作用。凹顶藻的代谢物laurinterol，在体外有明显的抗菌作用，其作用强度可与链霉素相比。波状网翼藻中分离出的氢醌化合物能抑制皮肤真菌。刺参中分离出的藻苷，浓度在 2.78 ～ 16.7 微克 / 毫升时对星状发癣菌有明显抑制作用。被囊动物中分离出的另一个酯肽化合物缩肽海绵鞘素 A，则对 RNA 病毒的柯萨奇病毒和马鼻病毒及 DNA 病毒的 1 型和 2 型单纯疱疹病毒有抑制作用。

具有心脑血管活性的药物　从海洋生物体上分离出的化合物 autonomium，具有 α－拟肾上腺素和 β－拟肾上腺素作用，可被相应的拮抗剂所阻断，而且还具有典型的乙酰胆碱作用。

鱼类中分离出的一种多肽硬骨鱼紧张肽－1，使所有迄今受试的哺乳动物的血压持续降低，它的降压作用是由于选择性的血管扩张所致。海葵中分离出的 APA，是强心多肽中研究最多的，对多种动物的离体或在体心脏有强的心肌收缩作用。

一部分海洋生物毒素也具有心脑血管活性。西加毒素可兴奋离体豚鼠心房和动物交感神经纤维，使心率加快、心脏收缩加强。岩沙海葵毒素是目前最强的冠状动脉收缩剂之一，其作用强度比血管紧张素强 100 倍左右。从蓝斑环鞘唾液腺中得到的蓝斑环鞘毒素可使兔和大鼠血压下降。

藻酸双酯钠（PSS）是报道的世界上第一个防治心脑血管疾病的半合成海洋药物。其替代产品甘糖酯（PGMS）是一种低抗凝、高抗栓、降脂作用突出的类肝素海洋药物。烟酸甘露醇（MN）为半合成的海洋药物，具有降压、降脂、改善微循环的作用。

有的海洋生物富含高度不饱和脂肪酸，如十二碳五烯酸（EPA）和二十二碳六烯酸（DHA），二者具有抑制血栓形成和扩张血管的作用，可有效地预防和治疗冠心病。

其他生物活性的化合物　红藻中分离出的卤代单萜 plocamadiene A，能引起小鼠长时间的痉挛性麻痹。海绵中分离出的 1－甲基异鸟嘌呤核苷，具有松弛肌肉、抗炎、抗过敏作用，并影响心血管系统。另一种海绵中分离出的 Methylaplysinopsin 是一种抗抑郁剂。由海人草中分离出的海人草酸具有驱虫作用、

海星

神经生理和神经毒作用，能用于鉴别革兰氏阴性菌内毒素，是从海洋生物中获得药用试剂的典型实例。柳珊瑚 *Plexaura homomalla* 中分离出的前列腺素 15-epi-PGA_2，本身没有生物活性，必须将它变成 PGE_2 和 PGF_{2a} 后才具有生理作用。从海绵 *Petrosia contignata* 中开发出抗炎药 contignasterol，并被开发成平喘药。以柳珊瑚 *Pseudopterogorgia elisabethae* 中的代谢物 pseudopterosin C 作为抗炎和防皮肤衰老的产品已广泛应用于日常生活。

另外，从海星中可提取多种物质，如糖苷、甾醇、蒽醌、生物碱及磷脂等化合物，它们具有很强的生物活性和广泛的细胞毒性，在抗癌、抗菌、抗病毒、溶血、降压、抗炎等方面具有很大的应用价值。

第三章 海洋生态的多米诺效应

[一、海洋生态]

研究海洋生物之间及其与环境之间相互关系。是生态学的一个领域，亦是海洋生物学的重要组成部分。

简史 19世纪初，欧洲各国学者开始结合沿岸、浅海环境研究海洋生物的组成、分布。中期，英国E.福布斯发现海洋生物垂直分布的分带现象，并与他人合著海洋生态的第一部著作《欧洲海的自然史》（1859）。1877、1883年，K.A.默比乌斯提出广温性生物和狭温性生物、广盐性生物和窄盐性生物、生物群落等生态概念。1887年，德国V.亨森提出浮游生物概念。1891年，德国E.海克尔提出底栖生物、游泳生物两个概念。19世纪末20世纪初，开始进入海洋生态定量研究阶段。1942年出版的H.U.斯韦尔德鲁普等人的名著《海洋》，总结了以往海洋生态的研究成果。20世纪60年代至今，海洋生态研究得到迅速和全面的发展，尤其是海洋生态系研究的发展，把海洋自然生态研究和海洋实验生态研究紧密结合，使海洋生态研究进入到一个全新的阶段。

特征 海洋生态与陆地生态相比，是一个决然不同的系统，具有一系列的特征。主要特征如下：

①海洋环境较为简单，与陆地相比，海洋生物物种数少，但生物量大。世界海洋是一个连续的整体，各大洋及附属海之间并没有相互隔离，海水运动又使各海区之间相互混合和影响；海洋年内和年际的水温、水压等变化状况也都较陆地小得多。因此，海洋生物的分异速度、进化速度远小于陆地生物，物种数少，且多古老的简单的类型。现知海洋植物1万多种，与陆生植物30多万种相比差一个数量级；多为低等的营简单光合作用的海洋藻类，高等的海洋种子植物（包括裸子植物、被子植物）仅有100多种，且只有红树植物和海草两类。但是，海洋生物的净初级生产力约为10.74×10^{10}吨碳/年，与陆地生物净初级生产力11.52×10^{10}吨碳/年相当。现知海洋动物16万～20万种，与陆生动物130多万种相比亦差一个数量级；海洋无脊椎动物占了绝大部分，海洋脊椎动物则以海洋鱼类为主，海洋爬行类（海蛇、海龟等）、海洋鸟类（海燕、信天翁等）很少（仅占世界鸟类种数的0.02%），海洋哺乳动物（鲸鱼、海牛、海狮等）都是由陆地返回海洋的（为次生性海洋动物）。但是，海洋动物生物量很大，如南极磷虾现存量约达20亿吨。

中国沿海红树植物
（种子植物，有胚轴）

海狮在太平洋加利福尼亚沿海畅游

②光是海洋生态的重要因子，形成陆地很少存在（仅在高山区存在）的海洋生物垂直分布的分带现象。由于海水对光的吸收和海水中悬浮物对光的散射，海洋中有光带一般限于150～200米深，称为真光带；200米以下基本是无光的，称为无光带。因此，海洋初级生产力（生物通过光合作用制造有机物的能力）的95%是由小型浮游植物完成的，与陆地主要由高等的种子植物完成很不相同。海洋不同水层的光照以及水温、水压等不同，造成海洋生物垂直分布的现象在各个海域普遍存在。福布斯在19世纪就发现了这个现象，并将爱琴海按深度分为8个生物带。真光带上层主要是浮游生物，真光带和无光带中多游泳生物，海底则为底栖生物；且按深度有潮间带生态、浅海生态、深海生态之分。

③营养盐是海洋生态的重要因子，形成海洋生物特有的水平分布。根据对盐度的适应程度，海洋生物普遍地分为广盐性生物和窄盐性生物（陆生生物仅在一些湖泊中有这两类生物之分）。根据营养盐的丰度，海洋从河口、近海到大洋一般可分为富营养水域、中等营养水域、贫营养水域；海洋生态亦可水平分布为河口生态、近海生态、大洋生态等。河口、近海仅占海洋总面积的8%，但是海洋生物种类、生物量最为富集的海域。

④海流是海洋生态的重要因子，并因此生成一些海洋特殊生态类型。海流是海洋生态环境变化的主要因子，不但影响海域生物的种类、分布、组成，形成暖流区、寒流区等不同的生态区域，还形成上升流生态等一些特殊生态类型。

类型 按不同的要素有不同的分类和类型。按生物组成划分，分为海洋生物个体生态、海洋生物种群生态、海洋生物群落生态、海洋生态系。按生物生活方式划分，分为浮游生物生态、游泳生物生态、底栖生物生态。按生物群落划分，有红树林生物群落生态、珊瑚礁生物群落生态、海底热泉生物群落生态等。按海域划分，有河口生态、潮间带生态、浅海生态、大洋生态、深海生态等。其中，河口生态、潮间带生态、深海生态等富有海洋特色，研究也多。

河口生态 研究河口生物之间及其与环境的相互关系。河口环境最大特点是多变，尤其是盐度处于不断变化之中，形成一系列生态特征：河口生物量大，多广盐性生物，多广温性生物，多耐低氧性生物，以碎屑食物链为主，动物多杂食性等。

潮间带生态　研究潮间带生物之间及其与环境的相互关系。其生态环境最大特点是变化急剧，涨潮时此区域淹没在海水中，退潮时又暴露在空气中，形成潮间带生物的一些特征：①海陆两栖性，表现为多广温性、广盐性、耐干旱性、耐低氧性生物。②节律性，动物的生理和行为普遍具有节律性，且与潮汐涨落同步。③分带性，即生物垂直分布的分带，一般说潮上带、潮中带、潮下带的生物种类、组成都不相同。④生物生产力高，潮间带的初级生产者不但有浮游植物，还有大量底栖海藻和海洋种子植物，后两者在其他海域是没有或很少的；河口区还有陆上带来的大量有机碎屑。潮间带生物初级生产力高，因此次级生产力（一般含二级、三级、四级生产力）和终级生产力亦高。潮间带环境比大洋恶劣，但生物生产力超过大洋。

深海生态　研究深海水域和海底生物之间及其与环境的相互关系。深海环境缺乏阳光、水压大、水温低，因此形成深海生物的一系列特征：①没有营光合作用的植物，没有植食性动物，只有碎食性和肉食性动物以及少量滤食性动物。②生物种类和数量贫乏，被称为“海洋沙漠”。③形态、器官和生理特化，如盲鱼眼完全退化；海蜘蛛肢体特长，以适应软泥海底生活，避免陷入软泥；巨喉鱼等深海鱼的口极大，可吞食比自身大几倍、重几倍的食物，以适应食物贫乏的情况；角鮟鱇的雄鱼极小，寄生在雌鱼上，以利于交配受精、延续后代等。

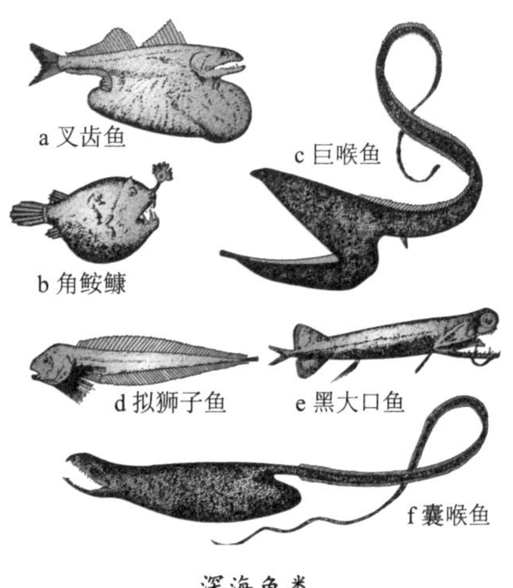

深海鱼类

深海“沙漠”中也有星点状的绿洲，即 1977 ～ 1979 年“阿尔文”号潜水器发现的海底热泉生物群落。它们生活在海底热泉周围，形成以滤食性动物为主的

生活在海底热泉口周围的长管虫

生物群落：硫化细菌以化学合成作用生产有机物，为滤食性动物提供饵料；动物包括滤食的贝类、铠甲虾，与细菌共生的长管虫，以及小蟹、管水母、红色鱼类等。生物相当茂盛，构成特殊的深海热泉生态系统，称为深海绿洲。

［二、海洋环境科学］

研究人类活动造成的海洋污染、生态破坏和采取综合措施保护海洋环境的学科。海洋是生命的摇篮、资源的宝库、全球环境的重要调节器。保护海洋环境是维护和改善人类的生存环境、持续利用海洋资源的前提和保证，是海洋科学技术领域的重大研究课题。海洋环境科学是应用海洋科学各分支学科和法学、经济学、管理学的理论和技术，实施保护海洋环境及其资源的一门综合性学科。

第二次世界大战之后，许多沿海国家工农业生产和海洋开发迅猛发展，海洋污染事件多有发生，海洋环境问题开始引起人们的关注。1972 年，联合国人类环境会议的召开，唤起了各国政府对环境尤其是环境污染的反思、觉醒和关注，以研究海洋污染为重点的海洋环境科学基本形成。随后，由于大规模无序、无度开发海洋资源，尤其是近海资源，导致生态破坏日趋严重，影响了海洋经济的发展，加之温室效应等环境问题的全球化，使人们进一步认识到不仅要重视环境污染，而且还应重视生态破坏和生态建设。1992 年召开的联合国环境与发展会议，确立了可持续发展的指导思想，进一步指明了海洋环境科学研究的方向。

海洋环境问题　主要有以下两方面。

海洋污染　海洋是地球表面的最低位置。有史以来人们就把各种废物直接或间接地排入海洋，但由于排入量少、海洋净化能力强，不足为害。随着工农业生产的发展和沿海国家人口向沿海城市集中，大量石油、重金属、农药、放射性和有机污染物等生产和生活废弃物通过河流、管道、大气等途径排入海域，加之海上油气开发、油运、海上倾废、海水养殖排放的污染物，大大超过海洋的自净能力，使海洋环境遭到污染损害。如波罗的海、濑户内海，在20世纪60年代后期都因污染而一度成为“死海”；有些海域因污染严重，还发生公害事件，如轰动世界的水俣湾汞污染事件、因油轮事故造成阿拉斯加海域和西班牙东北部海域严重油污染伤害大量海洋生物事件。80年代以来，中国每年有几百亿吨污水直接排入海，使河口、港湾、近海尤其是渤海、长江口和珠江口水域污染日趋严重，已在一定程度上破坏海洋生态，损害渔业和沿海人民的生活。

生态破坏　这主要是在开发利用海洋资源时，只顾眼前，不顾长远，只顾局部地区和个别部门的利益，而不顾及经济效益、社会效益和环境效益三者之间的统一，无序、无度和掠夺式地进行开发所致。如盲目围海造田，大规模毁滩建养殖池塘，掠夺式采海砂，对渔业资源过捕、珊瑚礁过采、红树林过伐，以及不合理的海岸和海洋工程等。海洋生态破坏和环境污染导致海洋生态环境服务功能下降，生物资源和生物多样性锐减，有些海域甚至呈现荒漠化。据调查，世界海洋鱼类的70%已被充分捕捞或过度捕捞；增加养殖生物使病害流行，有毒赤潮频繁发生，不仅对海水养殖造成重大损害，而且威胁人体健康；海湾港口功能萎缩，影响航运业；海水入侵，不少良田盐碱化，降低抵御海洋自然灾害的能力；破坏景观，影响海滨旅游价值等。中国沿海生态破坏也较突出，如赤潮大规模频繁发生，红树林面积锐减，近海渔业资源严重衰退等。

研究内容和任务　主要是：

①探索人类活动对海洋环境及全球环境演化的影响规律。海洋占地球表面积的71%，是全球环境不可分割的重要组成部分。人类的活动（尤其是大规模的海洋工程、严重的污染事故）对海洋环境乃至全球环境演化的节律、规模和方向势必产生影响。为此，在了解海洋环境自然演化规律的基础上，可通过不同尺度的

现场调查、室内模拟，探索人类活动对海洋环境产生影响的途径、机制和规律，为评价海洋开发活动对环境的影响提供科学依据。

②了解海洋净化污染物的能力或环境容纳量。巨大的海洋空间是净化处置废物的场所，而且利用海洋净化和处置废物，一般来说是经济的。海洋自净能力是一项特殊的宝贵资源，在利用时必须严格控制在其净化能力、容纳量范围内，以防止造成污染损害。由于自然条件的差异，不同海区净化能力强弱不一。为此，要对各海区的物理自净、化学自净和生物自净的过程、机制和动力进行研究，为合理利用海洋净化废物的能力创造前提条件。

③弄清人类活动与海洋生态系统之间的关系。种类繁多、数量庞大的海洋生物资源是人类食物的一个重要来源；海洋生态系统还积极参与全球环境的物质大

广西北部湾海上拦截泄漏油污演习

循环和能量转化，对全球环境起调节作用。海洋生物的生长、繁殖不仅有其自身的规律，而且与其生活环境息息相关。对生物资源的开发利用，切不可超过其再生能力。如何维护海洋生态系统的健康、保证海洋生态系统和生物资源的持续利用，也是海洋环境科学的一项重要研究任务。

④揭示海洋生态环境变化对人类本身的影响。海洋生态环境受干扰、破坏，势必反作用于人类本身。这包括对海洋资源、海洋经济的损害，对人类生存环境的影响，直至危害人体健康和生命。因此，研究海洋生态受破坏的起因、途径、效应，研究各种污染物在海洋生态系统中的迁移转化、对各种生物和人体的影响，是制定各种海洋环境标准和有效管理海洋环境的必要基础。

⑤研究海洋经济、环境和生态协调发展的理论和机制；研究海洋污染的监测

和综合防治、海洋生态修复和生态建设的方法和技术；综合运用科技、经济、法学、法律和行政等手段对海洋环境进行综合管理和整治，包括对海洋环境进行科学区划、规划，制定环境法规和标准等。

由于海洋环境的复杂性、综合性，因此环境问题的研究必须由多学科专家、技术人员联合开展，同时应十分注意海洋高新技术在海洋环境科学研究中的应用。

发展 海洋环境科学的兴起虽然时间较短，但却显示了其生命力。如用海洋环境科学的知识改造濑户内海，已使“死海”恢复了生机。事实说明，一旦环境科学的规律和保护治理的技术被人们所掌握，环境问题也能解决或改造。

新理论、新技术，如系统工程原理、生态系统理论、信息技术、生物技术、遥感技术、声学技术、纳米技术、超微量测试技术等在环境科学研究中的应用，将对学科的发展起很大的作用。

海洋环境科学的发展依赖于海洋科学的各学科。同样，海洋环境科学的研究成果又不断充实、促进各有关学科的发展。如污染物入海后的稀释、扩散、迁移和转化规律的研究，对物理海洋学、海洋化学、海洋沉积学、海洋生态学、海洋微生物学的发展都起了促进的作用。

日本濑户内海风光

海洋污染，尤其是河口和近海，其污染源主要来自陆地。因此有关污染物入海的途径、数量，海域的净化能力、容量仍将是研究的重点。

随着大洋和深海资源开发的进展，如大洋底矿产、生物资源、天然气水合物的开发，海洋环境科学研究将由河口、近海扩展到大洋和全球海洋。

强化海洋环境管理，有序、有度开发海洋是持续利用海洋资源的前提，也是防治海洋污染和生态破坏的主要措施。

因此，为加强海洋环境管理进行的理论、技术、法规等的研究将更加受到重视。

海洋环境科学的发展，还突出地表现在它本身又开始形成许多新的分支学科，如海洋环境化学、海洋环境生态学、海洋环境物理学、海洋环境工程学、海洋环境法学、海洋环境经济学、海洋自然保护学等。这些新的分支学科，在综合防治、评价海洋环境时，互相协作，互相渗透，又进一步推动了整个海洋环境科学的发展。

[三、海洋环境容量]

在充分利用海洋自净能力并且不造成海洋污染损害的前提下，某一海域所能接纳的污染物最大负荷量。容量的大小即为特定海域自净能力强弱的指标。

海洋环境容量是为了适应海洋环境管理中实施污染物总量控制或浓度控制而提出的概念。《中华人民共和国海洋环境保护法》第三条规定：“国家建立并制定重点海域排污量控制指标，并对主要污染源分配排放控制数量。”向某一海域排放污染物，大多有多个污染源。就单个污染源来说，其向海域排放的污染物浓度可能符合水质标准的限定值，但多个污染源排放，该海域受污染总量却可能超过其容纳量，造成污染损害。为了有效地保护海域的良好环境质量，必须将多个污染源排入特定海域的污染物（如化学需氧量 COD、油类、氮、磷等）的总量控制在一定的水平以下，即污染物总量控制。由于不同海域的环境容量大小因时间、空间、气候、水文、化学、生物、地质以及污染物的性质等的差异，有很大的变化，科学地确定某一海域的环境容量，需要通过较长时间的现场调查、试验和计算。在海洋环境管理中，常用目标总量控制和指令性总量控制的方法。目标总量控制是某一海域的排污总量应以保证其环境质量达标条件下的最大排污量为限，即以环境目标值推算出总量并进行控制；指令性总量控制是国家或地方先提出重点海域主要污染物可排放总量的控制指标，然后根据各小区域的环境、经济、面积等条件对总量加以分配，下达各地或各污染源可向海域排放污染物的控制指标。如滨海炼油厂向海中排放含油污水既不能超过国家规定的污水含油浓度标准，而且也不能超过地方分配其在一定期间（年或月）向海域排放油的总量。

[四、海洋环境污染]

由于人类活动，直接或间接地把物质或能量引入海洋环境（包括口湾），造成或可能造成损害生物资源和海洋生物、危害人类健康、妨碍捕鱼和其他各种合法的海洋活动、损坏海水使用质量、减损环境优美等有害影响。

来源　陆地和大气污染物，绝大部分通过各种途径最终进入海洋。陆地工农业生产、城乡居民生活所产生的大量污水、温排水和废物，通过河流、排污口或直接倾倒入海，是海洋污染的直接来源；而陆地工农业生产产生的大量微细颗粒

2002 年 1 月西班牙海域附近油船泄漏造成海水严重污染

污染物、废气通过大气转运最终沉降入海，是海洋污染的间接来源。几十年来的调查、监测结果表明，中国近海的污染，来自陆源的污染物占80%以上。因此，控制陆源污染物入海，是防治海洋污染的重点。

主要污染物　海洋位于地球表面的最低处，地表各种污染物均可进入海洋，因此海洋污染物的种类多且复杂，包括各种有机污染物、石油及其衍生物、重金属、农药、放射性物质等。通过不同途径进入中国近海的各类污染物质每年约1500万吨，主要是化学需氧物质、氨氮、油类物质和磷酸盐四类，合计占总量的95%以上。其他还有硫化物、锌、砷、铅、铬、挥发酚、氰化物、铜、镉、汞等。这些污染物首先污染河流和近岸海域，因此海洋受污染程度自陆地向海方向逐渐减轻。据国家海洋局《2002年中国海洋环境质量公报》，中国远海海域全部达到清洁海域水质标准；近海大部分海域符合清洁海域水质标准；近岸海域污染范围较2001年略有扩大，污染依然严重。污染较重的水域，主要是辽河、双台子河、长江、闽江、九龙江、珠江的河口水域，以及天津近海、大连湾、锦州湾、胶州湾、湛江湾等。

许多污染物入海后很难降解、消除，如有机氯农药、某些长半衰期放射性物质，可以在海洋中滞留几十年甚至几百年。有些污染物入海后可随洋流在海洋中运移。如在日本八丈岛等海域漂浮的沥青块，可以在美国和加拿大西海岸发现；孟加拉湾曾检出远自非洲漂来的滴滴涕残留物。因此，局部海域受污染往往能波及其他海域乃至全球海洋。

损害　并不是所有污染物进入海洋环境都是有害的，如氮、磷、锌、铜等生物必需元素，海水中含量少了不利于生物的生长，但含量多了则造成损害。因此，要评估污染物入海后造成的损害，必须全面了解以下几方面的问题：①进入海洋的污染物的数量、特点和污染方式；②海域的地形、地貌、水动力、气象、季节、自然资源及开发利用状况；③污染物入海后的物理、化学和沉积过程、行为；④海域的生物群落以及污染物被生物吸收和转化的情况；⑤污染物的毒性大小；⑥污染物在海中的滞留时间和归宿；⑦海域的污染历史，多种污染物的相互作用；

⑧当地政府采取的防治或消除污染的措施。

受污染损害的产业可包括海水淡化、制盐业、海洋生物和水产资源开发、旅游、海上交通和海洋工程等，其中受污染危害最甚的是水产业和旅游业。污染对海洋生物和水产资源的影响主要是：严重的污染事故在短期内可使大批生物死亡；污染能干扰、破坏海洋生物之间的信息联系（特别是化学信息），从而有可能改变鱼、虾的洄游方向和路线；污染能增加养殖生物的发病率，伤害卵和幼体，从而导致种群数量的减少；污染影响动物正常索食、代谢机能，降低生长速率和生存竞争能力；污染改变生境条件，影响生物的生存；污染使少数种类生物爆发性繁殖，导致生态平衡失调，如赤潮的发生等。污染对人体健康的危害，主要是通过食用受污染的海产食品（如受致病菌、化学污染物和生物毒素污染的食品），其次是在污染海域游泳或生产作业直接接触污染物。

防治措施　主要是：①坚持海洋开发与海洋环境保护协调发展。在重点对陆地污染源治理的同时，也要控制海上污染源，尤其是防治海上油田和海水养殖生产的污染；实行海陆综合治理和预防为主的方针，重点保护沿岸海域、主要渔场、旅游区、自然保护区和港口。②贯彻有关保护海洋环境的法律、标准，加强海洋环境管理、海洋污染物的监测和监视。③深入开展海洋污染的科学技术研究，着重进行海洋环境容量、污染物迁移转化、污染物存在形式、海洋自净能力、生态毒理、环境影响评价、微量和超微量污染物的分析技术、海域污染自动和连续监测技术等的研究，大力提倡清洁生产、海水生态养殖。④建立一支海上消除石油污染事故的力量，以应对海上严重溢油事故的紧急处理。⑤加强有关保护海洋环境、防治污染的宣传教育。⑥加强国际合作，保护全球海洋环境。

[五、海洋生态环境保护]

人类为解决海洋（包括海岸带）现实或潜在的生态破坏和环境污染问题，维持海洋经济可持续发展而进行的各种保护措施。其内容涉及工程技术、行政管理、司法、规划、经济、宣传教育等方面。广义的理解还应包括海洋生态环境科学理论与方法的探索研究。长期以来，人们只注重海洋资源的开发利用，而忽视了海洋资源的恢复保护；只注重眼前和局部的经济利益，而忽视了整体效益的发挥和海洋经济的可持续发展。近几十年来，中国海岸建筑工程、挖砂、围堰养殖等人为活动已使得某些岸线变形，景观受到破坏；过度的渔业捕捞造成生物多样性锐减；工业废水、生活污水和养殖业自身排放的污水导致海水和沉积物污染程度日益严重，赤潮事故频繁发生，重金属等惰性污染物则通过食物链对人体产生毒害。

海洋生态环境保护的手段可以归纳为以下几方面：①严格按照国家颁布的海洋环境保护法律、法规和条例，对海洋资源利用活动的水动力学、环境学、生态学影响进行充分评估，加强海域使用审批管理，实施海域使用证制度和有偿用海制度。②根据本地的经济发展方向和资源利用现状，对管辖海区进行环境功能区划。③采用经济手段强化海洋生态环境的管理。④协调陆域环保部门和海洋环保部门的关系，确定海洋环境容量，通过实施清洁生产和建设生态工业降低陆域污染物的入海总量。⑤利用生态工程等高新技术对已受破坏或污染的海域进行治理和恢复。⑥建立和完善海洋监测和信息管理系统，对海域环境进行实时监控和有效保护。

[六、海洋生态修复]

促使受损的或退化的海洋生态系统恢复的过程。海洋生态修复是人为干预和自然机理相结合的生态过程。海洋生态系统是海洋生态修复的对象。海洋生态修复不仅是生物群落结构重建、生境的恢复与改善，还包括生态功能的修复。

原理 海洋生态系统，就像人体一样，也具有主动治愈创伤的能力。例如，海底火山爆发后，大片海洋生物死亡，在火山灰上经过几年、几十年能生长形成新的相似的生物群落。但是如果人类活动的面积太大，干扰时间过长，则需采取措施推动海洋生态系统的恢复过程。

实施海洋生态修复应遵循海洋生态学的基本原理，并注意以下几个问题：①尽可能模仿自然生态过程。在修复退化生态系统时要尽可能选择本地的物种。②选择海区中受干扰小、最接近自然状况的区域实施修复工程，加速生态系统的扩展过程，把人类的干扰降到最低程度。③特别关注关键物种，恢复了关键物种，其他相关物种就自然恢复了。④利用海洋生物群落的自然演替规律，采用先锋物种改造生境，为后续物种进入建立适宜环境条件。⑤重建丢失的生态位，满足部分物种的特殊环境需求。⑥重建食物网，建立重要物种的种间关系及营养结构。

⑦限制或去除外来物种，外来物种入侵常常破坏本地物种的种间关系，影响海洋生态系统的恢复进程。⑧减少或去除影响生态恢复过程的因子，尽可能提供适宜的环境条件。⑨让海洋自然生态过程发挥最大作用，使海洋生态系统恢复到自然状态。⑩本着与自然合作和友好的态度开展海洋生态修复工作。

类型和手段　根据海洋生态系统类型的不同，海洋生态修复可分为浅海生态修复、海湾生态修复、河口生态修复、滨海湿地生态修复、潮间带生态修复、红树林生态修复、珊瑚礁生态修复、海草床生态修复等。

根据所采用修复手段的不同，海洋生态修复又可分为生物修复、化学修复和物理修复。生物修复常采用植物修复的方法，如受污染滩涂种植芦苇、碱蓬、大米草等植物，可以修复受损的土壤；化学修复指采用化学试剂进行修复，如海上溢油用化学分散剂消除石油；物理修复指采用物理、机械的方法进行修复，如海面浮油用机械、吸油材料回收等。

工程计划　海洋生态修复工程计划应包括以下内容：①修复的必要性；②修复海区的生态和社会经济状况；③修复工程要达到的目标和具体目的；④参考生态系统的描述；⑤修复的生态系统如何与周围生态系统结合；⑥修复的进度、预算；⑦设施安装、调试、运行；⑧修复成效的监测评估；⑨修复生态系统的长期维护和保护措施、机制。可能的话应保留一块受损海区作为对照，不进行修复，与修复过的海区对比。

成功修复的海洋生态系统具有如下特征：①与参考生态系统具有相同的优势种和相似的群落结构。参考生态系统是受损生态系统要恢复到的目标生态系统，它也是评估生态系统恢复效果的对照标准。确定的参考生态系统通常是自然生态系统发展过程中的某一个较为稳定的阶段，具有较高的生物多样性和生态功能。②由许多本地物种组成。③所有的功能组分是维持生态系统的稳定性和持续发展所必需的。④形成适宜的生态环境，足以维持重要物种的生存和繁殖。⑤提供正常的生态功能，没有功能缺失和低下。⑥能够与周围的生态系统进行物质和能量交流。⑦来自周围环境的潜在威胁已经被消除或者降到很低程度。⑧能够抵抗当地气候波动的影响，维持生态系统的完整性。⑨像参考生态系统那样能自我持续发展，随环境状况的变化而进化。

中国在20世纪80～90年代在渤海和黄海开展的对虾人工增殖放流，以及被开垦的湿地生态景观的恢复，都是海洋生态修复较好的例子。此外，建立海洋自然保护区也是海洋生态修复的一个重要手段。

海洋生态修复是一门新兴学科，应用性强。在今后海洋生态修复的实践中，海洋生态修复的理论将得到完善和发展，新的修复技术和方法也将会不断涌现。